"互联网+"背景下高职机电类专业信息化教学理论与实践探索

杨桂婷　邓　果　王辉龙　著

吉林科学技术出版社

图书在版编目（CIP）数据

"互联网+"背景下高职机电类专业信息化教学理论
与实践探索 / 杨桂婷，邓果，王辉龙著 . -- 长春：吉
林科学技术出版社，2020.9

ISBN 978-7-5578-7527-5

Ⅰ．①互… Ⅱ．①杨… ②邓… ③王… Ⅲ．①高等职
业教育－机电工程－计算机辅助教学－教学研究 Ⅳ．
①TH-39

中国版本图书馆 CIP 数据核字（2020）第 180636 号

"互联网+"背景下高职机电类专业信息化教学理论与实践探索

著　　者	杨桂婷　邓　果　王辉龙
出 版 人	宛　霞
责任编辑	隋云平
封面设计	李　宝
制　　版	宝莲洪图
幅面尺寸	185mm×260mm
开　　本	16
字　　数	220 千字
印　　张	10.25
版　　次	2020 年 9 月第 1 版
印　　次	2020 年 9 月第 1 次印刷
出　　版	吉林科学技术出版社
发　　行	吉林科学技术出版社
地　　址	长春净月高新区福祉大路 5788 号出版大厦 A 座
邮　　编	130118

发行部电话／传真　0431—81629529　　81629530　　81629531
　　　　　　　　　　81629532　　81629533　　81629534

储运部电话　0431—86059116

编辑部电话　0431—81629520

印　　刷	北京宝莲鸿图科技有限公司
书　　号	ISBN 978-7-5578-7527-5
定　　价	55.00 元

前　言

伴随着现代信息技术的飞速发展，"互联网+"时代的到来推进了现代化教育事业的快速发展，同时也影响着社会发展的方方面面。随着网络信息技术的发展普及，信息技术在国家教育领域的作用也逐渐凸显出来。"互联网+"背景下，信息技术在教育改革深化中起到了关键性的作用，成为当前教育事业发展的重要方向。同时，"互联网+"背景下的教育教学也应顺应时代发展的趋势，利用信息化教学模式调动学生的学习热情，拓展学生学习的层次，促进学生信息素养和文化素养的共同增长。

高职是当前重要的教学机构之一，其主要目的是为了培养学生的专业素养和能力，以为社会培养高水平的实用型人才。因此，为培养出更多满足社会发展需求的机电类专业人才，促进高职机电类专业的持续发展，必须要将互联网技术及其优势运用于高职机电类专业信息化教学中。

本书立足于我国教育信息化的发展趋势，对"互联网+"背景下高职机电类专业信息化教学的相关理论进行了系统的阐述，涵盖了教育信息化、信息化教学、高职机电类专业信息化教学的理论基础、"互联网+"背景下高职机电类专业信息化教学资源库建设、"互联网+"背景下高职机电类专业信息化教学过程与策略、"互联网+"背景下高职机电类专业信息化教学模式、"互联网+"背景下高职机电类专业教师信息化教学能力等内容，能够有效推动高职应用型人才的培养。

由于时间仓促，加之能力有限，书中的不足之处在所难免，望广大读者给予批评指正。

目　录

第一章　教育信息化

全国乃至全世界的教师们都意识到，由于多媒体和网络技术，特别是因特网的发展，教育的形式和内容都发生了深刻的变化，并且推动了面向信息社会的教育改革。应用多媒体教学和网络学习，实现教育信息化和促进教学内容与方法的变革，迎接正在到来的信息社会对教育的挑战，已经成为当代教育的重要发展趋向，许多国家在制定其发展战略时都把教育信息化作为重要因素加以考虑。

比尔盖茨在《未来之路》一书中写道："……未来社会属于那些具有收集信息、选择信息、处理信息和应用信息能力的人。"因特网带给我们的不仅仅是计算机的联网，而且是人类知识的联网，是人脑的延伸。在这样一个时代背景下，教与学的方法、目标必然会产生巨大的变化。让学生的头脑成为创造的火炉而不是容纳答案的容器，这是许多教育工作者苦苦追寻的目标。

教育本身承载的是一个国家民族素质的提高，文化和价值观念的继承与发展。社会每一次的深刻变革都是教育（教育的原始状态是经验的积累与继承）长期积累的结果，而社会革命一旦成功又反过来深刻地影响着教育，尤其是对知识的认识手段及传播方式。造纸术的发明将世界带入了知识载体的新纪元，彻底结束了诸如"东方朔给汉武帝上书，上书用了三千片竹简，两个人才扛得起"的沉重浩繁的知识载体的历史，从而极大地加快他信息的传播。印刷术（尤其是活字印刷术）的发明，把烦琐的誊写工作变成轻松的复制工作，加快知识的规模传播。到了工业社会，广播、投影、幻灯、电视等一系列的发明创造，把教育引向了大规模、大范围的远程教育时代。

自20世纪90年代以来，由于计算机网络技术的迅猛发展，多媒体技术的广泛运用，尤其是 Internet 的快速发展，推动了面向社会的信息改革，使信息化在新世纪异军突起，对现代社会、科学、经济、文化、教育等产生了深刻的影响。最突出的表现是使现代教育爆发了一场新的教育革命，这就是教育信息化的来临。教育信息化的来临打破了传统教育中简单地运用计算机多媒体的教育形式，取而代之的是真正地将现代教育媒体的巨大潜力充分发挥在现代信息化的教育实践之中。那么，教育信息化是如何产生的？它的内涵是什么？有什么样的特征？对现代教育有着什么样的本质的意义呢？

第一节　教育信息化产生的背景

现代电子计算机技术的飞速发展，离不开人类科技知识的积累，而知识的积累又是教育的长期性结果。正是这样一代代的积累才构筑了今天的"信息化大厦"。下面让我们来回顾一下教育信息化的背景。

1623 年 Wilhelm Schickard（1592—1635）制作了一个能进行 6 位数以内加减法运算，并能通过铃声输出答案的"计算钟"，标志着人类历史的机器运算的开始。人类以机械方式运行的计算器历经了百年的积累之后，随着电子技术的突飞猛进，计算机开始了真正意义上的由机械向电子时代的过渡，电子器件逐渐演变成为计算机的主体，而机械部件则渐渐处于从属位置。二者地位发生转化的时候，计算机也正式开始了由量到质的转变，由此促成电子计算机的正式问世。

1946 年 2 月，第一台电子计算机 ENAC 在美国加利福尼亚州问世，ENAC 用了 18000 个电子管和 86000 个其他电子元件，有两个教室那么大，运算速度却只有每秒 300 次各种运算或 5000 次加法，耗资 100 万美元以上，揭开了计算机时代的序幕。

计算机的产生极大地拓展了人们的数值运算和逻辑运算能力，可以看作是人类大脑的延伸。大脑的延伸要求人的眼、耳、口、鼻都要有相对应的延伸能力，于是互联网多媒体技术的发展成为必然。Internet 的最早起源于美国的 ARPAnet，该网于 1969 年投入使用，最初用于军事方面。让互联网真正飞速发展的事件是 1987 年商业化互联网的诞生，电脑的日益普及和互联网商业化的发展促成了一个惊人的奇迹。互联网的出现让博大的地球成了"地球村"，信息的传播能力空前发展，并且以极快的速度改变着人们的生活方式，信息化应运而生。信息化带给人们生活方式的改变绝不仅仅是一种技术在社会中的应用，而是整个社会的变革，这标志着一个时代的诞生。

信息化的到来对教育的影响也同样深刻，而且意义重大。一方面要求教育顺应信息时代的发展需要；另一方面要求教育能培养出大量的信息化高素质的人才。那么，信息时代的人才与之前的工业社会人才要求有什么不同呢？诺贝尔奖获得者、著名认知心理学家赫伯特西蒙（Herbert Simon）曾这样指出，在以往，"知道"意味着记忆中留下的东西，即拥有一系列知识。但到了今天，要靠个人或某些机构"记忆"或拥有的知识实在太多了，即使图书馆也无力收藏哪怕是全球信息和知识中的一小部分。所以，应将"知道"看成是掌握信息处理的"方法"。

在社会发展的历史进程中分析，我们不难发现：信息化为教育带来了空前发展的机会，带动了教育信息化的革命。教育又需要通过自身的变革来不断满足信息化社会发展的各种需要，其中信息化人才的培养成了当前教育的重任。教育信息化便应时所需地产生了，这便是教育信息化产生的大背景。"教育信息化"这一概念是在 20 世纪 90 年代伴随着信息高速公路的兴建而提出来的，其核心是把 IT 在教育中应用作为实施面向 21 世纪教育改革的重要途径。我国自 20 世纪 90 年代末开始，随着网络技术的迅速普及，整个社会的发展与信息技术的关系越来越密切，人们越来越关注信息技术对社会发展的影响，"教育信息化"的提法也开始出现了，并逐渐形成理论体系。

信息化时代正是由于可以更便捷地获得和使用信息，而使得社会发展的速度加快。信息时代的教育正是由于信息化的引入，而发展成为超越时空、资源共享的现代化教育。所以，教育信息化是教育现代化发展的必然结果。

第二节　教育信息化的内涵与特征

翻开 20 世纪的历史，我们可以看到教育信息化的概念是在 20 世纪 90 年代伴随着信息高速公路的兴建而提出来的。美国克林顿政府于 1993 年 9 月正式提出建设"国家信息基础设施"（National Information Infrastructure，简称 NI），俗称"信息高速公路"（Information Super Highway）的计划，其核心是发展以 Internet 为核心的综合化信息服务体系和推进信息技术（Information Technology，简称 IT）在社会各领域的广泛应用，特别是把 IT 在教育中的应用作为实施面向 21 世纪教育改革的重要途径。美国政府这一举措的初衷只是想推动其信息技术在各领域的广泛运用，不料却打开了一场世界性的教育改革大门，连美国自己也始料不及。自此，各国也不甘示弱，纷纷打开信息化改革的大门，一场教育的革命由此拉开了序幕。

一、教育信息化的概念

在提出教育信息化的概念前，首先让我们先来了解一下信息化。所谓信息化是指将信息作为构成某一系统、某一领域的基本要素，并对该系统、该领域中信息的生成、分析处理、传递和利用所进行的有意义活动的总称。我们将信息的生成、分析、处理、传递和利用称为信息技术。如表 1-1 所示，信息化包含三层含义：一层是对信息重要性的认识；第二层是将信息作为一种基本的构成要素；还有一层则强调了信息化是一个不断变化的过程而非一种状态。

表 1-1　信息化三层含义表

信息化三层含义	例如
对信息重要性的认识	信息对社会发展的存储产生作用 信息对事物发展变化的认识作用 信息对个体综合能力的推动作用

信息化三层含义	例如
信息作为一种基本的构成要素	信息时系统运行的依据 信息时系统工作的对象
信息化是一个不断变化的过程而非一种状态	信息的生产利用 信息的处理传递 信息的生成分析

信息化是一个复杂的过程，它的复杂面不仅仅在于它是对相对抽象的信息的生成、分析、处理、传递和利用，还在于在瞬息万变的信息活动中将信息有机地整合起来。教育信息化既然是在信息化的大前提下产生而来的，这就决定了其复杂程度绝不会亚于信息化。华东师范大学的祝智庭教授认为：教育信息化是指在教育领域全面深入地运用现代化信息技术来促进教育改革和教育发展的过程，其结果必然是形成一种全新的教育形态信息化教学。华中师范大学的傅德荣教授认为：教育信息化是将信息作为教育系统的一种基本构成要素，并在教育的各个领域广泛地利用信息技术，促进教育现代化的过程。上海师范大学黎加厚教授认为：教育信息化是以现代信息技术为基础的新教育体系，包括教育观念、教育组织、教育内容、教育模式、教育技术、教育评价、教育环境等一系列的改革和变化。教育信息化并不简单地等同于计算机化或网络化，而是一个关系到整个教育改革和教育现代化的系统工程。

不管是哪一种定义，我们可以看出，教育信息化非常强调将信息技术运用到教育过程中，从而推动教育发展的整个过程。因此，教育信息化是一个变化的过程，是在信息化变动的前提下，实现的教育变化的一个过程。通俗一点说，信息与教育的互动关系如同物体加速度与速度之间的关系，信息化程度越高，即加速度就越大，教育这个物体的发展速度也就会更快速的增长，这正体现了信息化发展与教育信息化内在的必然联系。信息化是教育信息化的基石，在信息化条件下发展起来的教育对现代的教育形式与内容所起的影响日益增大，这就必然引起教育信息化的快速发展。

二、教育信息化的含义

教育信息化包括两层含义：一是教育培养适应于信息化社会的人才，另一是教育把信息术手段有效应用于教学科研和教学管理。教育信息化要求学生要会使用计算机，学会对信息的收集、选择、处理及创造；要求学校的教育手段的信息化和现代化，并且要有高效的校园网络、信息库、闭路电视系统；要求我们基于创新教育的要求，基于培养面向信息社会的人才的要求，认真地对教育系统进行信息分析，有效地应用信息技术，培养出新世界合格的信息化人才，实现教育现代化。因此，教育信息化是一种过程，但绝不只是一种信息机器简单的引入教育的过程，更不能认为教育信息化就是信息化机器的应用过程，而是一种教育思想及观念的变化过程，是基于创新教育的思想，有效地利用信息技术，实现创新人才培养，实现教育现代化的过程。

三、教育信息化的内容

教育信息化的核心内容是信息技术在教育中的应用，因此教育信息化的内容都是围绕信息技术在教育中的应用展开的。目前，各学者对教育信息化基本内容的认识主要有以下几种：

（1）教育信息化的内容是信息技术在教育中的应用，其具体内容主要是：教育信息环境的完善、教育资源的建设和使用、人才的培养；

（2）教育信息化包含教师教育信息化、硬件设施、信息技术课和资源应用；

（3）教育信息化的内容可以分为：信息网络基础设施建设，教育信息资源建设，信息技术的应用，信息化人才的培养和培训，教育信息技术产业，信息化政策、法规和标准；

（4）教育信息化的内容包括：基础设施建设、环境建设、信息化资源建设、信息化人才培养、远程教育。

从以上的几点认识上我们归纳出：

（1）教育信息化的前提是环境的完善和教育资源的建设；

（2）教育信息化的过程是将信息技术作为工具在教育中应用；

（3）教育信息化目的是实现信息技术型人才的培养。

这些说法都对，但都侧重在手段方法上，没有贴近教育的本质。教育的本质意义在于培养完整的人。教育的本质应该是对人本身的一种完善，是人从不完善走向文明、完善的一个过程。培养文明、杰出的人是教育的终极目标。简单地说，教育就是"成人"的过程，或者说是人为的积极意义上的"成人"过程。教育信息化是教育的产物，这就注定它必然要符合教育"成人"的意义。否则，所有的工具、手段、过程都将毫无意义。

因此，笔者认为，教育信息化的内容是：利用包括教育信息环境的完善、教育资源的建设与使用，以及师资信息化素养培养在内的多种信息技术在教育中的综合应用，来培养适应信息时代发展的人才的理论、工具、方法及过程的总和。

四、教育信息化的主要特征

教育信息化的特征可以从三个方面来探讨。祝智庭教授在《教育信息化的概念与特征》中提到了两个层面：一个是教育层面，一个是技术层面。他认为，从技术上看，教育信息化的基本特点是数字化、多媒体化、网络化和智能化。数字化使得教育信息技术系统的设备简单、性能可靠和标准统一；多媒体化使得信息媒体设备一体化、信息表征多元化、真实现象虚拟化；网络化使得信息资源可共享、活动时空少限制、人际合作易实现；智能化使得系统能够做到教学行为人性化、人机通讯自然化、繁杂任务代理化。从教育层面来看，有七大特征：（1）教材多媒体化；（2）资源全球化；（3）教学个性化；（4）学习自主化；（5）活动合作化；（6）管理自动化；（7）环境虚拟化。

表 1-2　教育信息化的主要特征

技术层面	数字化、多媒体化、网络化、智能化
教育层面	教材多媒体化；资源全球化；教学个性化；学习自主化；活动合作化；管理自动化；环境虚拟化
社会层面	教育信息外溢性；教育技术的创新性；教育效益理论性；强有力的产业带动性

这两个方面全面地论述了教育信息化独有的特征。教育信息化的教育特征和技术特征非常明显，一般不容易为人们所忽视。其实除此两个方面，教育信息化的特征还应包括社会层面。由于人们对教育的认识往往不会涉及社会的层面，致使我们在探究教育信息化的过程中常常忽视教育的社会性。信息化的社会特征包括：明显的信息外溢性、极强的技术创新性、广泛的技术渗透性、较高的经济效益性、强劲的产业带动性。从社会层面来看，教育信息化的特征也就有了四大特征：

（1）教育信息外溢性。其实就是教育资源的共享互补问题。信息化如果不能实现信息在一个大范围内的共享，那么信息化就成了失去了翅膀的鸟，根本不能生存发展，更不可能实现对教育的贡献。

（2）教育技术的创新性。教育技术是教育信息化主要的理论与实践领域。因此教育技术的发展对于教育信息化来说至关重要。教育技术是指为了促进学习，对有关的过程和资源进行设计、开发、利用、管理和评价的理论和实践。因此教育技术的创新就是对设计、开发、利用、管理和评价的创新，既包括对硬件技术的创新，也包括对软件技术的创新。这是教育信息化的内容特征。

（3）教育效益理论性。以前说教育似乎与效益扯不上什么联系，其实效益放之于教育中，就是一种教育成果和教育投资的关系。如何让我们的教育投资有效益和有意义，这就需要教育效益理论。尤其是在教育信息化中，常常出现投资多、收获少，硬件好、软件差等问题，严重地影响了教育的效益。这是教育信息化的效益特征。

（4）强有力的产业带动性。教育信息化的发展必须依赖于信息化的发展。大量的研究结果显示，信息产业是一个产业链很长、产业感应度与带动度都很高的产业。如果这些相关的产业发展不起来，没有构成强有力的带动作用，那么教育信息化就成了空中楼阁、无本之树、无源之水，教育信息化能在这样的环境中发展得怎么样，自然不言而喻。这一特征就是教育信息化的环境特征。

以上特征都是教育信息化区别于其他事物的属性，是我们进行教育信息化建设的理论由来。因此，都是很重要的认识基础，对我们在教育信息化的建设中具有很重要的指导意义。

五、教育信息化的本质意义

教育信息化的来临必将改变我们所熟悉的教育模式、教育思想、教育观念和教育理论。随着信息化程度在教育领域的深入，教育将面临前所未有的机遇和挑战。我们应该看到无限的发展空间与进步契机带给我们的不仅仅是希望与辉煌，还为我们带来了教育领域全新的理念和全新的模式，更为重要的是为我们提出了新的发展要求与奋斗目标。教育信息化的概念与特征告诉人们教育信息化本身就是一种发展变化的过程，是站在教育、技术、社会三块基石上的新时代骄子，我们所做任何研究与实践，归根结底都要在尊重其自身的本质与特征的基础上验证并完善其本质与特征。谁能对教育信息化理解得更深，谁能将教育信息化解释得更符合实际，谁就能够站在教育信息化起点的最前沿。

事物的特征往往显现在表层，抓住了事物的表面特征意味着对事物有了实践层面的应用能力。但如果能透过表面现象看到事物的本质，那就意味着我们对事物的理解已经上升到了科学层面。当经历了一段时期的积累以后，关于事物的理论体系开始逐渐形成，于是在事物的实践层次与应用层次上便建立起哲学层次的理论，这是人类认识事物的规律。教育信息化是基于教育学理论与信息化技术之上的新事物。教育信息化虽然有很多不同的提法，也存在着很多的理论，但归根结底都离不开其教育的本质和技术原性。

我们认为，透过教育信息化的技术特征、教育特征、社会特征来看其本质，相应地就产生了三个层次的本质，即技术层次的本质、科学层次的本质、哲学层次的本质。技术特征和社会特征对应的是技术层次的本质，教育特征对应着科学层次的本质，而哲学层次的本质则是前两种本质的统一和宏观总结。

（一）从技术层面看教育信息化本质

把信息看作一种工具，把信息技术看作一门技术。当在教育中积极地应用信息技术优化教学、促进学习、提高绩效时，就产生了教育信息化的技术本质：以提高教学效率为目的的信息技术在教育当中的全面应用。例如：华东师范大学的祝智庭教授认为：教育信息化是指在教育领域全面深入地运用现代化信息技术来促进教育改革和教育发展的过程；华中师范大学的傅德荣教授认为：教育信息化是将信息作为教育系统的一种基本构成要素，并在教育的各个领域广泛地利用信息技术，促进教育现代化的过程。这两种表述并不能说不对，但它们强调的是以技术为核心对教育的改进过程，具有明显的应用实践的特点，用于指导教育信息化的具体实践很好，但用于总体学科性的把握就未必精准。那么什么样的本质概括才能精准地抓住教育信息化的学科本质呢？只有教育信息化的学科本质，即教育学特征后的教育信息化本质。

（二）从学科层面看教育信息化本质

对应着教育信息化技术本质把信息看作工具，其学科本质则把信息看作"成人"的环境。当人在这种信息化的环境当中通过一定的教育引导完成知识"成人"和精神"成人"时，就产生了教育信息化的学科本质：在信息化的环境中培养具有时代特征的完整的人。

基于教育学科的特点结合信息技术，可以认为：教育信息化是利用信息技术创造出系列的教育环境，并应用到对人才的培养，从而提高全民综合素质，尤其是信息素养的提高，来塑造适应信息化时代发展的新一代复合型人才的全部过程。

（三）从哲学层面看教育信息化本质

哲学是教育的普遍原理，在教育中起到思辨、批判、规范的作用。哲学是一门宏观意义上的科学，我们称之为科学的科学。故教育信息化的发展从哲学层面来看只是对传统教育的批判、思辨与规范的结果。

柏拉图曾经说过，"教育在其最高的意义上而言就是哲学"，即教育的本质方向，这个方向决定着教育实践与作为抽象价值的"真理"的关系。因而这个方向就是教育的本质、教育的目标和教育的理念。这个意义告诉我们，教育作为一种人类特殊的生产活动，需要遵循一种理想的理念。这种理念就如同手工艺者以一种理想形式为依据制作床和桌子样。人类教育需要从哲学中寻找一种理想模型，即一种理想化的教育哲学理念来指导我们的教育教学形式。

理想化的教育哲学理念应当把心灵的塑造、人格的养成、知识的积累、批判精神贯穿创新思维的培养看作是教育的本质意义，而且在很大程度上心灵的塑造和人格的养成，即对真善美的追求应当比知识本身更为重要。从这个角度出发，我们的教育信息化的本质应该是这样的：在传统教育的批判基础上，信息技术自然地融入心灵塑造和人格培养方法之中，以规范传统教育，进行新一轮关于现代社会的知识积累、思维培养的思辨。

第三节　教育信息化的发展历程

教育信息化建设对转变教育思想和观念、促进教育改革，加快教育的现代化发展都有积极的作用，对于深化基础教育改革、提高高等教育质量和效益、培养具有创新能力的时代人才更具深远的现实意义。教育信息化不仅是改革传统教育培养模式的有效途径，更是提高国民素质的重要措施。因此，自20世纪90年代美国提出"教育信息化"这一概念以来，教育信息化便以"沟通未来"的姿态始终是各国教育发展中考虑的重要因素。这主要表现在三个方面：一是通过立法或颁布政策法规，把信息教育课程列入正式课程，并增大教育现代化的投资；二是注重教育信息资源的开发和利用；三是投入大量的人力和物力在教育信息化的理论与实践方面进行深入的研究，使得教育信息化的理论与实践迅速地发展完善起来。

综观世界各地的教育信息化发展局势，祝智庭教授将之概括为四句话：美国一马当先，欧洲稳步前进，亚洲后来居上，中国奋起直追。这是国内外教育信息化发展进程生动形象的概括。

一、国外教育信息化的建设发展

（一）美国教育信息化

美国自 1993 年 9 月正式提出建设"国家信息基础设施"（National Information Infrastructure，简称 NII）以来，克林顿政府一直特别重视教育信息化的建设，当时就确定了学生每人一机，教师用电脑如同用白板一样熟练的计划。早在 1996 年，美国就表示到 2000 年美国必须实施 100% 的学校与国际互联网连通，使美国从小学到大学都实行"人机、路、网"成片的唯一国家。这一做法无疑是为了抢占国际教育信息化的制高点，用教育信息化的迅速发展来培养出大量现代化的信息人才，以带动国家的政治、经济、科教、文化等多方面发展，从而巩固其所谓的世界霸主的地位。因此，美国对教育信息化建设始终都极其的重视，将其视为对未来的高效益投资。到 1997 年 2 月 13 日，美国教育部又发表了与时任总统克林顿教育行动纲领相应的举措说明，其中教育信息化的条款占有重要地位，如使所有教师都能够掌握现代化计算机技术，为教师帮助学生掌握计算机技术提供培训和资助。为实施美国教育行动计划，1998 年美国政府投入 510 亿美元巨资，旨在使每位美国公民都能利用信息技术进行终身学习。为了尽快地实现这一目标，美国首先从中小学教师的教育信息化应用培训开始。在美国积极的推动下，教育信息化建设在美国取得了迅猛的发展。据统计，在美国，通过网络进行学习的人数正以每年 300% 以上的速度增长。21 世纪初，已经有超过 7000 万美国人通过网络获得知识和工作技能、技术，超过 60% 的企业通过网络进行员工的培训和继续教育。1994 年，美国与网络联通的学校只有 3%；1999 年，这个数字已被改写成 63%；2000 年，这个数字又被刷新为 90% 以上。据 2000 年 5 月的《财富》杂志报道，美国教育和培训的产值达到 7720 亿美元，占国民生产总值的 9%。

在远程教育的信息化方面，美国具有学校参与众多、媒体技术多样、社会公司参与度高及服务面宽等特点。据美国联邦教育部国家教育统计中心对高等教育机构远程教育的调查，1997 和 1998 年，美国 5020 所大学中有 1690 所提供远程教育课程，占高等学校总数的 34%，约 166 万名学生注册接受各种形式的远程高等教育，占所有类型高校在校生总数（约为 1434 万人）的 11.6%。美国国际数据公司数据显示，1999 年美国远程教育的年收入大约是 6 亿美元，到 2002 年这个数字上升到了 100 亿美元。

近年来，美国信息技术教学工具在教学中应用的发展都非常迅速。例如，目前已有 86.4% 的美国高校在教学中使用计算机辅助软件进行教学，69.5% 的美国高校使用 E-mail 和 BBS 进行课堂讨论、收取作业等教学活动，58.3% 的高校正在使用各种光盘教学资源来辅助教学。

诚然，如此迅猛的发展离不开美国强有力的经济实力，但是美国政府对教育信息化建设的重视也不可忽视。在种种优越的条件下，美国的教育信息化建设取得了辉煌的成就，而且这些成就必将在整个 21 世纪中影响着美国的综合国力与世界地位。

（二）欧洲各国教育信息化的建设

欧洲各国的信息化建设不尽相同，情况较为复杂。1996 年开始在拉奥（俄教科院简称）拟定的 11 项教育科研战略中，明确教育信息化要走独联体与东欧各国建立教育信息化技术联合体的所谓大斯拉夫体系之路，可以说是世界教育信息化在俄罗斯的缩影。

1998 年初，法国教育部长克洛德·阿莱格尔宣布，法国制定三年教育信息化发展方案，重点放在教育信息化发展对相应信息教育师资的培训上，着重提高信息教育师资应用多媒体教学和微机操作水平，从而发挥现有信息设备的使用效率，使法国由当时的初中学生 32 人一台微机、高中 12 人一台微机的水平，提高到初中学生 16 人一台微机、高中 6 人一台微机的标准。

英国政府于 1995 年推出一个题为"教育高速公路：前进之路"的议案。到 1998 年以立法形式规定，在全体中小学中将原来的信息技术课程由选修课全部改为必修课，并拟定中学信息技术课评价的九项标准。在政府投入的教育经费中，法定的 6% 必须作为学校专款专用的微机购置费，以保证英国 20% 中小学联上 Internet，其中中学占 85%，小学占 15%。1999 年，信息技术课程更名为信息与通信技术（ICT）课程，并公布了信息与通信技术课程标准。

芬兰教育部于 1995 年提出一个题为"信息社会中的教育、培训与研究：国家战略"的五年计划，规定到 2000 年时将使全部学校和教育机构联网。

意大利教育部于 1995 提出一个行动计划，打算 2005 年前为 20% 的小学和 30% 的中学配备多媒体设备与软件。

（三）亚洲各国教育信息化建设

在亚洲各国的教育信息化建设中，日本的势头强劲，一度有超美夺魁的气势。日本文部省于 1990 年提出一项九年行动计划，拟为全部学校配备多媒体硬件和软件，训练教师在教学中使用多媒体，支持先进技术的教育应用。1994 年又建立了"百校联网工程"，1997 年 1 月 19 日，日本开设"教育信息化方法与技术"的教职课程，1998 年 7 月 29 日日本教育课程审议会发表了题为"关于教育课程基本走向"的咨询报告书，进一步明确了信息教育课程的运作细则。

作为亚洲地区信息技术产业比较发达的国家，韩国的教育信息化建设起步也较早并发展迅速。2002 年《中国信息导报》刊登张雪莲名为《韩国 IT 产业发展一瞥》一文，报道上说："韩国是世界上第一个将国际互联网接入中小学的国家，也是世界上第一个向中小学和高等学校免费提供国际互联网接入服务的国家。"韩国于 1995 年 5 月 31 日由教改委员会制定了《建立主导世界化、信息化时代新教育体制的教育改革》方案。1999 年，韩国政府开始在高中阶段实行信息素养认证制度，并启动《中小学信息通信技术必修化计划》。

新加坡 1996 年推出全国教育信息化计划，拟投资 20 亿美元使全国每个家庭和每间教室连通 Internet，做到每两位学生一台微机，每位教师一台笔记本电脑。1997-2002 年的 MIT 总体教育信息化规划中，要求 1999 年全国教师接受 MT 应用能力培训，并把它作为师资资格聘用的重要标准之

（四）各国教育信息化发展趋势的比较

物质（材料）、能量、信息是构成现实世界不可缺少的三大要素。信息资源成为人类生存的首要资源。20 世纪，石油被比喻为工业经济发动机的燃料，而到了 21 世纪，信息则是知识经济发动机的"燃料"。信息化社会的发展呼唤教育信息化时代的到来。所以世界各国都非常重视国内教育信息化的建设，有条件的国家几乎都将未来人才的竞争集中在信息化人才的竞争。

从教育信息化发展来看，早期的发展主要体现在信息化资源建设上，如信息网络基础设施建设、教育信息资源建设等方面，这一发展阶段主要以"技术中心论"为发展指导思想。而等到教育信息化发展到一定的阶段，即教育信息化的资源建设已经基本形成，这时如何利用教育信息化资源为人才的培养服务就成了主要问题，而教育信息化的理论与实践的研究就由"技术论"转向教育学科论发展。经过长时期的研究和积累，教育信息化进入高级阶段，深度融人为信息化社会，于是教育信息化进入了高度发展的社会化阶段。教育信息化发展离不开这三个阶段，但三个阶段并不是在发展中可以划分得清清楚楚的，而是在一定时期彼此都有渗透和发展，只是在不同时期我们信息化建设的侧重点不同而已。

1. 从信息化资源建设来看各国教育信息化发展

美国是教育信息化资源建设最早、发展速度最快的国家之一，所以其信息化的程度也相对较高。欧洲各国的发展情况较复杂，这与欧洲各国的国家发展情况复杂分不开。亚洲的国家如日本、韩国、新加坡发展速度惊人，而像印度和中国发展存在着很大的地区差异性，既有快速发展的地区（主要集中在相对发达城市，如北京、上海等），也有非常落后的地方（主要集中在落后山区，如甘肃、青海等）。

2. 从理论与应用上看各国教育信息化的发展

教育信息化资源建设最快和信息技术应用程度最高的国家毫无疑问是集中在发达国家，因而教育信息化的理论发展也非常成熟。如美国在教育信息化的应用上把网络化、多媒体化和智能化为特征的现代信息技术（I）深入到教育教学的方方面面，例如：美国克莱蒙特研究生院的访问学者肯内思·C. 格林从 1991 年开始，每年对美国大学的计算机使用情况进行一次调查。该调查是目前美国规模最大、影响最广的校园计算机使用情况调查，每年调查的对象约为 650 所大学。调查结果比较客观地反映了美国大学教学活动中采用现代信息技术的状况。据其在 1996 年的调查结果显示：美国大学有 27% 的课程是在装备有

计算机的教室进行，25% 的课程在教学中使用电子邮件（E-mail），15% 的课程在教学中使用了计算机模拟和演练，有 18% 的课程使用了商业性的课程软件，12% 的课程在教学中采用了多媒体技术，有 8% 的课程利用了光盘教材，50% 以上的学校已经建立了技术中心，12.5% 的学校建立了奖励制度，对在教学中积极采用现代信息技术的教师给予奖励。

但是这并不是说教育信息化理论发展最快的就是美国等发达国家。实际上，教育信息化理论发展最快的是以中国为代表的发展中国家。

其一，发展中国家在教育信息化的发展中充分借鉴和利用发达国家在建设中的经验与教训，并在实践中很快地形成自身的理论特点。这从中国近年在教育信息化发展研究资料的外文引用的增加、关于教育信息化资料的译文增多以及主办的国际化的教育信息化大会等方面都有不同程度的体现。

其二，发达国家教育信息化领先的同时，也需要花费更大的人力进行未来发展的研究。而当教育信息化发展到一定的时期以后就会出现所谓的"高原反应"，即以往的以技术、资源建设为中心的"技术论"理论已经不能适应教育信息化的发展，而成为限制其发展的思想桎梏，极大地限制了教育信息化研究的视阈。虽然到 2007 年中国的教育信息化还没有完全从第一阶段（资源建设阶段）中解放出来，但已经看到了教育信息化的视野问题。从马德四教授的《教育信息化本质研究——教育学视角》可以看到，中国在教育技术学的理论发展方面已经非常超前，而目前笔者资料所及还没有看到发达国家有关教育信息化视角问题的专门讨论。

其三，教育信息化的发展还有待于新的教育理论的出现和技术的创新。这方面各个国家的教育理论发展与技术创新情况很不相同。发达国家与发展中国家的教育理论认识水平各有所长，技术创新也层出不穷。因而很难说哪一个国家的更好，因为这里面有一个符合国家发展状况的比较。

综观世界各地的教育信息化发展局势，祝智庭教授将之概括为四句话：美国一马当先，欧洲稳步前进，亚洲后来居上，中国奋起直追。笔者认为若改为"美国一马当先，欧洲参差前进，亚洲后来居上，中国奋起直追"似为更妥。因为，欧洲教育信息化资源建设上虽然有稳步推进的例子，如欧盟政府也发布了一个题为"信息社会的学习：欧洲教育创议行动规划"，旨在加速学校的信息化进程，同时也推出了多项有关教育信息化和教育改革的开发计划。但是由于欧洲各国的发展情况复杂，发达的如德国、法国、英国信息化程度非常高，次一点的有比利时、荷兰和瑞士在教育信息化的资源建设上也很快，差一些有如中欧的波兰、捷克、斯洛伐克、匈牙利，东欧的爱沙尼亚、拉脱维亚、立陶宛、白俄罗斯、乌克兰、摩尔多瓦以及南欧的意大利、梵蒂冈、圣马力诺、马耳他、西班牙等国家则多以发展中国家为主，其教育信息化建设程度也就参差不齐。所以从全欧整体面貌来看欧洲的教育信息化是以差异性和复杂性为特点的。其实不仅欧洲的教育信息化发展复杂多变，整个国际教育信息化发展也呈参差复杂的特点。

二、我国教育信息化历史回顾与现状分析

我国教育信息化从 20 世纪 90 年代在硬件落后、软件缺乏的情况下，一路走来实在不容易。目前，中国的教育信息化在各方面都取得了重大突破，主要体现在：中国教育和科研计算机网、中国教育卫星宽带传输网系统的建成；中国教育和科研计算机网已建成 2 万公里高速传输网，覆盖全国近 30 个城市，100 所高校的校园网与其接入；中国教育卫星宽带传输网已经实现了与中国教育和科研计算机网的高速连接，初步形成了具有交互功能的信息平台。

随着教育信息化环境资源建设的完善，教育信息化的理论与实践的研究也进一步的完善起来，先后出现了很多关于教育信息化的专门的研究成果。教育信息化的研究从单一视角的研究，即技术视角，如祝智庭的《教育信息化的技术哲学观》，陶筠的《教育信息化面临三大问题：经费、管理以及技术》、于丰、刘翠的《关于教育信息化建设的思考》等等，发展到包括社会学视角、教育学视角的多方位多视角的整体性研究，如《教育信息化的概念内涵：社会学的视角》、马德四的《教育信息化本质研究——教育学视角》等等。但是我国教育信息化的问题依然严峻，从信息技术视角看主要表现在经费、管理和技术方面。从社会视角看教育信息化的快速发展主要是设备建设的进展，由于没有从根本上省思教育信息化的真正内涵，造成设备大量购置后又大量闲置的惊人浪费现象；从教育视角看主要表现在教育中还没有找到将信息技术深层次延伸到教学的各个环节的途径，信息技术在教育教学当中的应用还很难与师生的"生命成长"产生共鸣，使得教育信息化出现了快速发展的"高原反应"。关于"高原反应"在马德四的论文中是这样描述的：

在技术学理论框架下，教育信息化研究更多的是关注教育中的信息技术学习、信息技术教学应用模式等技术问题，而对于信息技术与人的生命发展、人在数字虚拟世界中的发展等问题却"力不从心"，或者连"心"都未曾有过。因此，技术学视角局限性影响了教育信息化的进一步发展，"高原反应"是这种研究状况的真实写照。

我国的社会和教育目前正处于转型时期，在这个关键的时候教育信息化发展的速度不可谓不快，然而问题也不可谓不严重。如何正确认识和面对我国教育信息化，如何把握住教育信息化转型时期的核心，将信息技术深度地融入教育教学的环境中，从而推动师生生命成长，这就要求我们对我国的教育信息化的历史与现状作一个全面深刻的分析。

（一）我国教育信息化的发展历程

改革开放 20 多年来，我国政府一向重视现代化教育。早在 1978 年，我国就创办了中国广播电视大学。1986 年，中国教育电视台（CETV）创建。1997 年底，我国已经建立教育电视台、收转台 940 多座。卫星电视地面接收站 1.6 万多座，放像点 6.6 万多个，建立了三个卫星教育频道。1995 年，中国教育与科研互联网（CETNET）开始建立，为我国教育信息化开创了基础。CERNET 的成功建设和"211"工程重点建设，带动了地区网络、

省网络和校园网络的建设，实现了省际的网络互联。现在，它已连接了 400 多所高校，每天有 30 多万人上网工作，部分地区、中小学上网已成为热点。1998 年，我国又批准了清华大学等四所普通高校采用数字压缩技术和 ATM 技术开始进行远程教育试点工作。中央广播电视大学也通过电话和 CEKNET 反馈，实现了非实时交互式的远程教学。

国务院 1999 年 1 月 13 日在"面向 21 世纪教育振兴行动计划"中明确指出：（1）实施"现代远程教育工程"，在我国教育资源短缺的条件下办好教育的战略措施，要作为重要的基础设施加大建设力度；（2）以现有的中国教育科研网（CERNET）示范网和卫星视频传输系统为基础，进一步扩大中国教育科研网的传输容量和联网规模；（3）继续发挥卫星电视教育在现代远程教育中的作用，改造现有广播电视教育传输网络，建设中央站，并与中国教育科研网进行高速连接，进行部分远程办学点的联网改造。2000 年，争取使全国教育电视节目办好，重点满足边远、海岛、深山、林牧等地区的教育需求；（4）开发高质量教育软件，重点建设全国远程教育资源库和若干个教育软件开发生产基地。

1999 年 6 月 13 日发布的《中共中央国务院关于深化教育改革全面推进素质教育的决定》中则为教育信息化和教学手段现代化的发展提出了更为明确的任务：（1）大力提高教育技术手段的现代化水平和教育信息化程度；（2）国家支持建设以中国教育科研网和卫星视频系统为基础的现代远程教育网络；（3）充分利用现有资源和各种音像手段，继续搞好多样化的电化教育和计算机辅助教学；（4）在高中阶段的学校和有条件的初中、小学普及计算机操作和信息技术教育；（5）使教育科研网络进入全部高等学校和主要中等职业学校，逐步进入中小学；（6）采取有效措施，大力开发教育教学软件；（7）运用现代远程教育网络为社会成员提供终身学习的机会，为农村和边远地区提供适当需要的教育。

2001 年底中国教育科研网（CERNET）建成的 20000 千米的高速主干网已覆盖我国近 30 个主要城市，总容量达到 40Cbps，155M 的 CERNET 中高速地区网已经连接到我国 35 个重点城市，全国已经有 100 多所高校的校园网以 100Mbps 以上的速度接人 CERNET2002 年，全国有 15 万所学校开展计算机教育（占学校总数 20%），同时在全国建设 100 所高水平的信息化教学示范学校和 1000 所信息化教学实验学校。

2004 年，教育部教育管理信息中心主办了第四届"2004 年中国教育信息化建设与发展论坛"，结合当前国际国内发展形势和各项工作的切实要求，以"教育信息化的科学发展与创新"为主题，积极推动我国教育领域的信息化建设和可持续发展。

2006 年 5 月，中共中央办公厅、国务院办公厅印发《2006~2020 年国家信息化发展战略》，其中有关教育信息化发展的内容成为教育工作者关注的焦点。在"国民信息技能教育培训计划"中提出："在全国中小学普及信息技术教育，建立完善的信息技术基础课程体系、优化课程设置、丰富教学内容、提高师资水平、改善教学效果。推广新型教学模式，实现信息技术与教学过程的有机结合，全面推进素质教育。""加大政府资金投入及政策扶持力度，吸引社会资金参与，把信息技能培训纳入国民经济和社会发展规划。依托高等院校、中小学、邮局、科技馆、图书馆、文化站等公益性设施，以及全国文化信息资源共享工程、农村党员干部远程教育工程等，积极开展国民信息技能教育和培训。"这标志着我国为未来十年的教育信息化发展确定了具体的奋斗目标。

据 2007 年中国国际远程教育大会上的资料显示：近年来普通高校网络教育办学规模不断扩大，成为成人与继续教育主流发展趋势；广播电视大学系统完成总结性评估，八年开放教育试点取得阶段性成果；校外学习中心建设遍布全国，形成覆盖各地教育服务网络；公共服务体系建设取得突破性进展，"数字化学习港"将对远程教育产生变革；企业导入 E-Learning 风起云涌，创建企业在线大学蔚然成风；网络职业教育需求增长，取得飞速发展；信息化手段在社区教育中应用，远程教育走进千家万户；移动教育破土而出、前景无限农村中小学现代远程教育工程、农村党员干部现代远程教育、全国中小学教师国家远程培训等等项目陆续实施，中国的现代远程教育迎来快速的发展期，正在步入一个崭新的发展阶段。

（二）我国教育信息化的现状分析

1. 调查分析

据目前的最新调查显示，我国华南地区和华中地区相对西部而言，教育信息化建设的总体建设水平较高。随着西部大开发的推进，西部的教育信息化硬件建设将加快步伐。目前总体情况是地区差异大，硬件投入有限。硬件投入内容主要有：校园网建设，包括信息中心、多功能教室、学校办公网、电子备课室、虚拟图书馆、计算机网络教室等；多媒体课件制作技术的应用；基于 Internet 的网上教学；数字化技术在教育上的发展与应用；城域教育网的建设，包括教育管理中心、城域教育网的远程教育中心、城域教育网的教学资源中心等。但我国教育信息化建设的地区差异比较大。各种调查数据中还显示了教育信息化投资与建设成果之间的关系：存在相互增长的内在联系，但并不成正比例关系。这就要求我们在教育信息化建设中，不仅要重视整体的投入，还应明白，不是投入了资金，拥有了硬件就意味着教育信息化的建设已大功告成。其实我国在教育信息技术上的总体投入并不少，如我国教育科研网在 2000 年到 2001 年之间提速，仅其中的主干网就耗资 2.2 亿元，但资金流向不尽合理，宝贵的资金未用在刀刃上，造成了资金的投入与在教育中产生的效果极不相称的局面。所有这些情况，一方面是因为我们对教育信息化的建设经验不足，急于求成造成的；另一方面则是投资时缺乏结合性的长远考虑。这些都是我们以后在硬件投资过程中要认真面对的大问题。

2. 取得的成绩

近年来我国教育信息化取得了重大进展，归结起来主要有六个方面的重大突破：

（1）教育信息化基础设施建设初具规模；

（2）教育软件建设硕果累累；

（3）现代远程教育工程建设取得重大进展；

（4）培养出大批适应社会需求的信息化人才；

（5）教育信息产业得到较大发展；

（6）教育信息化政策、法规和标准的制定。

此外，从社会环境来看，教育信息化已经成为我国 TT 业必争的宝地，我国教育信息化建设将拥有坚实的经济与技术基础。信息化在全国各地、各类教育机构中迅速展开，并且形成了巨大的 IT 需求市场。这就是说，中国的教育信息化建设其实已经具备了相当的经济潜力。这将保证中国的教育信息化建设的长足发展。

3. 发展误区

随着技术的发展和开发者对教育信息化理解的不断加深，未来的教育资源建设将会不断成熟和完善，并将向普及化、专业化、地方化、个性化四个方向发展。然而在技术发展与运用过程中，教育信息化却出现了以下八大误区。这八大误区有的是因为思想意识不到位造成的，有的则是因为技术水平相对滞后造成的，还有一些则是缺乏统筹规划、盲目建设造成的。

（1）瓶颈现象。什么是瓶颈现象呢？瓶颈现象好比有很多的水在一个瓶子里面，但是由于瓶颈太小，水无法倒出来，造成了守着水却无水喝的尴尬场面。而在我们教育信息化过程中，只有在信息大量的流通共享的前提下，才能发挥信息化的优势，才能将教育推动起来。然而，目前我国教育信息技术却出现信息进出阻滞的严重现象，其根本原因不在教育信息化，而在于信息化在我国的发展本身就存在着很多需要重视和解决的不利因素。正如《2006—2020 年国家信息化发展战略》上分析我国信息化值得重视的问题中所提出的问题，都在很大程度上反映了教育信息化过程中的"瓶颈现象"。它们是：

①信息技术自主创新能力不足。核心技术和关键装备主要依赖进口，以企业为主体的创新体系亟待完善，自主装备能力急需增强；

②信息技术应用水平不高。在整体上，应用水平落后于实际需求，信息技术的潜能尚未得到充分挖掘，在部分领域和地区应用效果不够明显；

③数字鸿沟有所扩大。信息技术应用水平与先进国家相比存在较大差距，国内不同地区、不同领域、不同群体的信息技术应用水平和网络普及程度很不平衡，城乡、区域和行业的差距有扩大趋势，成为影响协调发展的新因素。

（2）软件"孤岛"现象严重。目前各个软件厂商提供的应用软件缺少交互操作能力，无法共享信息和交换数据。这使得信息与数据被封锁在各自的狭小范围之内，而得不到资源的共享互补。软件"孤岛"现象是由于多方面原因造成的。

例如：某学校在校园教学信息化建设中利用 30 万元购得综合教学软件一套，希望能改变学校传统的教育教学模式。然后在使用过程中发现该软件有很多问题，最大的一个问题就是老师希望能通过网络视频与每一个同学进行语音视频交流，其他的任何一位同学也可以随时通过语音教室或者在某个地方上网时一起共同参与。但是语音视频教学开通后，整个电脑的速度就非常慢、视频不流畅、语音时断时续。这位老师只有通过传统的口授的方式与学生讲解，但是这样一来老师课前准备的很多生动的视频材料便无法与学生同时分享。后来经过校方多次与软件生产商进行协商，生产商经过测试发现该软件最大连通数为60台学生机，但学校上公共课连通了120台，于是生产商在对软件进行了改进并交付给学校。学校在使用过程中发现问题依旧，经过双方多次检查和调试，最后发现问题出在学校使用人员在软件安装与设置上都存在着诸多问题。

这个例子告诉我们，我国教育信息化的软件"孤岛"现象最主要的原因是：

①软件开发周期长、产品滞后，不能适应实际教学的需要。

②使用人员的信息化素质不够，很多本可以解决的麻烦却因为人的问题造成资源的不合理使用。

（3）综合路径缺乏，导致信息获取困难。目前的教育信息化的信息猎取没有一个统的综合路径来实用各种教育资源的传递收集。用户只有通过不同的应用软件和渠道才能获得各方面的信息，而无法通过统一的人口、统一的形式获得这些信息和数据。这就造成了用户信息收集的困难。

（4）信息管理不够，造成资源建设浪费。各种因素制约，信息化管理体制尚不完善，电信监管体制改革有待深化，信息化法制建设需要进一步加快。很多的教育部门和教育机构，尤其是中小学，往往把是否建成局域网看作是教育信息化的标准，却没有考虑到建成之后对信息的管理，使得硬件强、软件弱，不能正常发挥信息化资源的优势，造成了大量的浪费。

（5）教育资源狭隘化。网络需要大量数字化教育资源内容的支撑，这导致学校对教育资源库产品的需求不断升温，但是当前的情况却不很理想，大量的无用信息与落后资源都打着"教育资源"的旗帜招摇撞骗，这不仅冲乱了原有的教育信息结构，影响了人们对教育信息化资源的信赖，还直接导致了教育资源的狭隘化。

（6）技术落后暗藏安全隐患。在全球范围内，计算机病毒、网络攻击、垃圾邮件、系统漏洞、网络窃密、虚假有害信息和网络违法犯罪等问题日渐突出，如应对不当，可能会给我国经济社会发展和国家安全带来不利影响。目前国内大量城域网的应用软件已严重落后于技术的发展，但是有的商家为了一时利益，为了抢占市场，不顾长远的发展，让学校直接操纵城域教育网中心站的数据库，导致了极大的安全隐患。

（7）使用烦琐，操作复杂。信息化的发展要求对资源的操作触手可及，可是由于现在的教育软件相对落后，使教育工作者往往要经过很多复杂的过程才有找到自己所需的数据很多可以避免的操作，大量可简化的过程把人们挡在了信息大门之外。另外，信息资源设备的开发者在信息化产品设计上也存在着诸多的不足。

（8）专业化优势不突出。评价教育资源建设成熟与否的标准是：普及化、专业化、地方化、个性化等的发展程度。而我国当前的专业化发展不很明显，主要表现在三个方面：第一，应用教育资源缺乏专业化的主导优势；第二，信息管理上没有专业化的统一标准；

第三，现代教师缺少专业化的信息素养。

（三）与国外的比较

教育信息化水平受制于一个国家的社会信息化的总体水平的发展程度，而社会信息化水平的发展要受制于一个国家的经济水平的发展程度。我国的经济发展水平决定了我国发展教育信息化具有自己的特点。以美国为代表的发达国家在教育信息化的路子上走的是：以强大的经济实力和高信息技术为后盾，拉动教育信息化的迅速发展，再借助教育信息化的发展来大力支持教育变革的实现。在教育信息化的道路上，我们既不能走发达国家的路子，也更不能走日本和新加坡那样一上马就要一步登天的方式。首先我国是人口大国，再者是发展中国家，而且全国各地区的经济发展也极不均衡，这就致使我国的教育信息化建设与国外诸国相比较具有五大差异：时间差、空间差、理论差、经验差、实力差。

1. 时间差

时间差是指中国教育信息化的建设在发展时间上讲，要比美国这样的发达国家晚一些，也就是在起步时间上有差异。20世纪90年代，美国首先就提出了建设"国家信息基础设施"，而后又一路领先；而西方各国也不甘示弱，纷纷将教育信息化的发展列为重点。法国制定三年教育信息化发展方案，而英国也早在20世纪90年代就以立法形式，把信息教育列为重点课程，以抢占世界教育新的制高点。而我国在1999年才将教育信息化这一名词正式地用在教育政策中加以强调，并且发展起来还表现出信息化程度相对滞后，不能有效拉动教育信息化的发展问题。因此，我国教育信息化建设当然要好好地借鉴西方国家的先进经验，但是绝不能把中国的教育信息化建设等同于西方的，更不能邯郸学步地走西方的教育信息化之路。

2. 空间差

所谓空间差是指中国目前各个地区的信息化程度差异太大。从教育信息化整体建设状况图与教育信息化整体投入状况图中，可以明显地看出：华中、华南地区无论是在整体投入还是在整体建设上讲，都要强于西部，这也是和地区经济发展不平衡相一致的。我国沿海地区经济相对发达，而内地尤其是西部地区的经济水平相比之下就要低一些。这样就使得我国在教育信息化的建设中要面临着很多复杂的问题，不仅东西南北的地区差异大，就是同在一个省，地方差异也很明显。面对着这样的一个经济基础与信息化程度不一致的情况，我们当然不可能像新加坡一样"一步登天"了。

3. 理论差

所谓理论差，一方面指我国的教育信息化理论与国外相比有着历史发展的差距，这主要包括教育信息实践的经验差；另一方面指的是我国教育信息化建设的理论与国外理论相比存在着很多的差异，包括认识理论差、文化理论差。这就使得我国对国外信息化分析研究中，多少存在着一些误解，而且在我们借鉴学习中，也多少会影响到我们的观念。

　　从经验差距来看，教育信息化的发展还有待于新的教育理论的出现和技术的创新。我国的教育信息化理论发展得很快，就理论研究的发展速度而言比西方发达国家或许还快一些。但是这种速度是属于追赶速度，也就是说，我们的理论水平与已发展起完整的教育信息化理论的发达国家相比还有很多的差距。虽然这种差距在缩小，但仍然很大。

　　从差异情况来看，教育信息化的建设首先是从观念上转变，而观念的转变就需要我们的理论要走在前面。目前我国教育信息化建设中的理论误区就是，总是希望能从别国找到些依据，而忽视了我国是一个超级大国，有其自身的发展特点。如果事事看他国的理论再从中汲取经验（当然这也不失为一个好办法），那我们的理论是永远也不可能领先于别人的。这样一来，我们的观念又怎么能转变得既符合国情又顺应时代呢？所以，我们必须在吸收了国内外各种先进思想的基础上，创造性的开创出具有中国特色的教育信息化理论。而目前的教育信息化的理论来源还主要是基于教育技术中的理论，而教育技术只是教育信息化的一部分而已。对于最近出现的教育信息化的社会化研究，笔者就认为非常的有意义，从理论上我们应当走在前列。

4. 经验差

　　教育信息化建设是我们教育行业中的新事物，对我们来讲很多都是未知数。因此在进行教育信息化的建设当中，我们必然会因经验不足引起很多困难。一方面我们可能会从别国的建设过程中得到一定的启示，从而解决一些问题；另一方面由于国情不同，我们所遇到的问题未必就是人家的问题。因此，我们也要独立的面对相当多的新问题。只有不断地积累更多新的实践经验，总结更多新的合理方法与思路，才能应付和解决我们教育信息化发展中遇到的新问题。这就需要我们自己去努力探索，不断研究。这样才能将教育信息化这项伟大的事业推动起来，保证我们的教育信息化能高效地引导我国的教育向好的方向改革。

5. 实力差

　　众所周知，我国正处在社会主义初级阶段，论国家富强、经济实力都还和西方发达国家有很大的差距，因而在教育信息化的建设中，必然存在国家实力上的差异。美国从1996年开始全面推进教育信息化以来，到2000年已基本完成了教育信息基础设施的建设。我们知道教育信息化要建立在信息化的基础之上才能发展起来，而信息化的发展就必须建设在先进的技术与强大的经济实力基础之上的。我国目前的经济实力总体水平还是比较落后，我们要进行教育信息化建设，实力差异是我们必须要面对的现实。

　　总而言之，国内外教育信息化的热情一浪高过一浪。我国虽然奋起直追，但是就现在的情况看来，我国教育信息化的发展障碍确实是"一山过了又一山"，路不平坦，这要靠我们的步子要稳要快。教育信息化的竞争既是当前教育现代竞争的一个方面，又是未来人才竞争的前奏。要夺取教育领域的制高点，要拥有赢得未来的力量，就要直面教育信息化的五大差异，力克五大弱势；就要将人才战略同教育信息化发展战略结合起来，分析出我国教育信息化的发展现状，不断克服前进中的困难与弱点；就要了解国内外发展情况，看到不足，知道差距，迎难勇进，积极为自身的发展积累宝贵的经验与前进的力量。

第四节 "互联网＋"与教育信息化

一、"互联网＋"的内涵与特征

2014年11月，李克强出席首届世界互联网大会时指出，互联网是大众创业、万众创新的新工具。其中"大众创业、万众创新"成为2015年政府工作报告中的重要主题，被称为中国经济提质增效升级的"新引擎"，可见其重要作用。2015年3月，在全国两会上，全国人大代表马化腾提交了《关于以"互联网＋"为驱动，推进我国经济社会创新发展的建议》的议案，提出了经济社会创新的建议和看法。他呼吁，我们需要持续以"互联网＋"为驱动，鼓励产业创新、促进跨界融合、惠及社会民生，推动我国经济和社会的创新发展。马化腾表示，"互联网＋"是指利用互联网的平台、信息通信技术把互联网和包括传统行业在内的各行各业结合起来，从而在新领域创造一种新生态。他希望这种生态战略能够被国家采纳，成为国家战略。

2015年3月5日上午中共十二届全国人大三次会议上，李克强总理在政府工作报告中首次提出"互联网＋"行动计划并提出："制订'互联网＋'行动计划，推动移动互联网、云计算、大数据、物联网等与现代制造业结合，促进电子商务、工业互联网和互联网金融的健康发展，引导互联网企业拓展国际市场。

通俗地说，"互联网＋"就是"互联网＋各个传统行业"，但这并不是简单的两者相加，而是利用信息通信技术以及互联网平台，让互联网与传统行业进行深度融合，创造新的发展生态。这相当于给传统行业加一双"互联网"的翅膀，然后助飞传统行业。如"互联网＋金融"，由于与互联网的相结合，诞生出了很多普通用户触手可及的理财投资产品，例如余额宝、理财通以及P2P投融资产品等；再如"互联网＋医疗"，传统的医疗机构由于互联网平台的接入，使得人们实现在线求医问药成为可能，这些都是最典型的"互联网＋"的案例。事实上，"互联网＋"有以下六大特征：

1.跨界融合。所谓"＋"本身就意味着跨界，意味着变革，意味着开放，意味着重塑融合。敢于跨界了，创新的基础就更坚实；融合协同了，群体智能才会实现，从研发到产业化的路径才会更垂直。融合本身也指代身份的融合、客户消费转化为投资、伙伴参与创新等等，不一而足。

2.创新驱动。中国粗放的资源驱动型增长方式早就难以为继，必须转变到创新驱动发展这条正确的道路上来。这正是互联网的特质，用所谓的互联网思维来求变、自我革命，也更能发挥创新的力量。

3. 重塑结构。信息革命、全球化、互联网业已打破了原有的社会结构、经济结构、地缘结构、文化结构。权力、议事规则、话语权不断在发生变化。"互联网＋"社会治理、虚拟社会治理会是很大的不同。

4. 尊重人性。人性的光辉是推动科技进步、经济增长、社会进步、文化繁荣的最根本的力量，互联网的力量强大最根本来源于对人性最大限度地尊重、对人体验地敬畏、对人创造性发挥地重视。例如 UGC，卷入式营销，分享经济。

5. 开放生态。关于"互联网＋"，生态是非常重要的特征，而生态的本身就是开放的。我们推进"互联网＋"，其中一个重要的方向就是要把过去制约创新的环节化卸掉，把孤岛式创新连接起来，让研发由人性决定的市场驱动，让创业并努力者有机会实现价值。

6. 连接一切。连接是有层次的，可连接性是有差异的，连接的价值是相差很大的，但是连接一切是"互联网＋"的目标。

二、"互联网＋教育"的核心与本质

"互联网＋教育"意为借助互联网等现代教育技术的力量推动教育变革。秦虹、张武升把"互联网＋教育"定义为一种新型教育形态，认为"互联网＋教育"的本质并非仅仅是互联网、移动互联网技术在教育中的应用，也不仅仅是教育用互联网技术建立各种学习平台，而是互联网、移动互联网与教育深度融合，是推动教育进步、效率提升和组织变革，增强教育创新力和生产力的具有战略性和全局性的教育变革。陈丽教授通过对"互联网＋教育"的几个典型案例的分析，将"互联网＋教育"定义为"特指运用云计算、学习分析、物联网、人工智能、网络安全等新技术，跨越学校和班级的界限，面向学习者个体，提供优质、灵活、个性化教育的新型服务模式。这类教育服务的理念和组织方式不同于传统学校教育，是在线教育发展的新阶段，具有技术与教育融合、创新的特征"。

2015 年 6 月 14 日举办的"2015 中国互联网＋创新大会"河北峰会上，业界权威专家学者围绕"互联网＋教育"这个中心议题，纷纷阐述自己的观点。"互联网＋"不仅不会取代传统教育，而且会让传统教育焕发出新的活力；第一代教育以书本为核心，第二代教育以教材为核心，第三代教育以辅导和案例方式出现，如今的第四代教育，才是真正以学生为核心。中国工程院院士李京文表示："中国教育正在迈向 40 时代"。

"互联网＋教育"的核心和本质就是基于信息技术，实现教育内容的持续更新、教育模式的不断优化、学习方式的连续转变以及教育评价的日益多元化。

（一）"互联网＋教育"：教育内容的持续更新

"互联网＋课程"，不仅仅产生网络课程，更重要的是它让整个学校课程，从组织结构到基本内容都发生了巨大变化。正是因为具有海量资源的互联网存在，才使得高等院校各学科课程内容全面拓展与更新，适合大学生的诸多前沿知识能够及时地进入课堂，成为学生的精神套餐，课程内容艺术化、生活化也变成现实。通过互联网，学生获得的知识丰富和先进，完全可能超越教师。除了对必修课程内容的创新，在互联网的支持下，各类选修课程的开发与应用也变得天宽地广越来越多的学校能够开设上百门的特色选修课程，诸多从前想都不敢想的课程如今都成了现实。

（二）"互联网＋教育"：教学模式的不新优化

"互联网＋教学"，形成了网络教学平台、网络教学系统、网络教学资源、网络教学软件、网络教学视频等诸多全新的概念，由此不但帮助教师树立了先进的教学理念，改变了课堂教学手段，大大提升了教学素养，而且更令人兴奋的是传统的教学组织形式也发生了革命性的变化。正是因为互联网技术的发展，以先学后教为特征的"翻转课堂"才真正成为现实。同时，教学中的师生互动不再流于形式，通过互联网，完全突破了课堂上的时空限制。学生几乎可以随时随地随心地与同伴沟通，与老师交流。在互联网天地中，教师的主导作用达到了最高限度，教师通过移动终端，能即时地给予学生点拨指导，同时，教师不再居高临下地灌输知识，更多的是提供资源的链接，激发兴趣，进行思维的引领。由于随时可以通过互联网将教学的触角伸向任何一个领域的任何一个角落，甚至可以与远在千里之外的各行各业的名家能手进行即时视频聊天，因此，教师的课堂教学变得更为自如、手段更为丰富。当学生在课堂上能够获得他们想要的知识，能够见到自己仰慕的人物，能够通过形象的画面和声音解开心中的各种疑惑，可以想象他们对于这一学科的喜爱将是无以复加的。

（三）"互联网＋教育"：学习方式的连续转变

"互联网＋学习"，创造了如今十分红火的移动学习，但它绝对不仅仅是作为简单的随时随地可学习的一种方式而存在的概念，它代表的是学生学习观念与行为方式的转变。通过互联网，学生学习的主观能动性得以强化，他们在互联网世界中寻找到学习的需求与价值，寻找到不需要死记硬背的高效学习方式，寻找到可以解开他诸多学习疑惑的答案。研究性学习倡导多年，一直没能在高校真正得以应用和推广，重要的原因就在于它受制于研究的指导者、研究的场地、研究的资源、研究的财力物力等，但随着互联网技术的日益发展，这些问题基本都能迎刃而解。在网络的天地间，学生对于研究对象可以轻松地进行全面的多角度的观察，可以对陌生的人群作大规模的调研，甚至可以进行虚拟的科学实验。当互联网技术成为学生手中的利器，学生才能真正确立主体地位，摆脱学习的被动感，自主学习才能从口号变为实际行动。大多数学生都将有能力在互联网世界中探索知识、发现问题、寻找解决的途径。"互联网＋学习"，对于教师的影响同样是巨大的，教师远程培训的兴起完全基于互联网技术的发展，而教师终身学习的理念也在互联网世界里变得现实，对于多数使用互联网的教师来说，他们十分清楚自己曾经拥有的知识，是以这样的速度在锐减老化，也真正懂得"弟子不必不如师，师不必贤于弟子"的道理。互联网不但改变着教师的教学态度和技能，同样也改变了教师的学习态度和方法。他不再以教师的权威俯视学生，而是真正蹲下身子与学生对话，成为学生的合作伙伴与他们共同进行探究式学。

（四）"互联网＋教育"：教育评价的日益多元

互联网＋评价，这就是另一个热词—"网评"，在教育领域里，网评已经成为现代教育教学管理工作的重要手段。学生通过网络平台，给教师的教育教学打分，教师通过网络途径给教育行政部门及领导打分，而行政机构也通过网络大数据对不同的学校、教师的教育教学活动及时进行相应的评价与监控，确保每个学校、教师都能获得良性发展。换句话说，在"互联网＋"时代，教育领域里的每个人都是评价的主体也是评价的对象，而社会各阶层也将更容易通过网络介入对教育进行评价。此外，"互联网＋评价"改变的不仅仅是上述评价的方式，更大的变化还有评价的内容或标准。例如在传统教育教学体制下，教师的教育教学水平基本由学生的成绩来体现，而在"互联网＋"时代，教师的信息组织与整合、教师教育教学研究成果的转化、教师积累的经验通过互联网获得共享的程度等，都将成为教师考评的重要指标。

总之，随着"互联网＋"被纳入国家战略的顶层设计，"互联网＋"时代的正式到来，教育工作者只有顺应这一时代变革，持续不断地进行革命性的创造变化，才能走向新的境界和高度。

三、"互联网＋"时代的教育信息化

（一）"互联网＋"时代下对高职教育信息化的认识

21世纪是信息技术的时代，信息技术给人类知识的传播带来了巨大的变革。信息技术的飞速发展深刻地改变着人们的现实生活，掌握信息技术是适应信息时代的基本要求。在高职院校，教育信息化表现为多媒体化和计算机网络化的普及，这是教育信息化的基本形式，也是教育信息化的技术先锋。但是高职院校的多媒体化和网络化不等同于教育信息化，教育信息化具有更广更深的含义。教育信息化是指在教育与教学中，开发信息资源、应用信息技术、建立信息环境。同时，教育信息化也可以理解为用现代教育教学理论和现代信息技术，围绕学校教学活动，建立的一个能使教育者和学习者都能够获得信息的环境，教育信息化是教学活动赖以存在和发展的全部内外条件或一切事物的环境。

（一）"互联网＋"环境下高职教育信息化建设面临的机遇

1.信息技术改善了高职院校的教学环境

教育信息技术给高职院校带来了新的教学理念、教学设备、教学环境，学校应该建立与之相适应教学制度体系，并通过提供公平的竞争环境，促使优秀课程资源的共享。高职院校要建设自己的特色，要依靠网络教学平台，依赖教育的信息化，建设属于自己的课程资源和在线课程，激发教师改革的热情。

2. 信息技术提供了优质的教育资源

在教育信息化的趋势下，学校要通过多种途径、多种方式为教师提供优质的教育资源。只有拥有高质量、高效率的教育资源，才能有效地支持教师开展各种教学活动，充分利用好远程教育资源。同时，还应鼓励高职教师开发利用校本资源，发挥信息技术的优势。

3. 信息技术促进了课程信息化建设

信息时代，教师要探索新的教学方法和新的教学模式，以满足信息技术环境下的教学改革，这必然要将高职的课程进行整合，与现代的信息技术相结合，不断提高教师的信息化教学技能和技巧。这就促使高职教师们要积极学习新技术、新方法，同时也将新技术运用到课程的建设中来，促进优秀的在线课程诞生。

4. 信息技术缩短了教育不公平的差距

教育信息化不但要加强建设，更重要的是如何应用、怎样应用。只用充分应用，才能发挥信息技术的优势。在线课程能够给学习者提供共享机遇，促进教育相对公平。由于各个高职院校教育资源的差异、教育层次的区别，导致高职教育的不公平。实现教育的公平是人们努力追求的目标，对于一些处于偏远落后地区的学习者来说，拥有电脑和网络，就可以享受优质院校的在线课程的教学资源，为每位学习者提供公开公平的学习机会。可以说，教育信息化的在线课程在一定程度上减少教育不公的现象。

5. 信息技术促进了学生的自主学习

信息化教育能够优化课程的构架，促进学生全面能力的培养。信息化教学方式改变了传统课堂上以教师为中心的模式，建设了一种全新的、以学生为中心的教学模式。通过线下与线上学习相结合的翻转课堂模式，学生可以独立主动地学习，有效地提高了教学质量。同时，通过引用问题导向和任务驱动的教学方式，引导学生自主学习，使高职学生的学习能力、技术能力、素质修养、合作能力和团队精神得到全面锻炼。

（二）"互联网＋"环境下高职教育信息化发展的不足

1. 重网络建设，轻信息应用

在推进教育信息化工作中，各高职院校普遍在进行校园网和多媒体教室的建设，利用网络资源及虚拟资源进行教学改革。网络建成了，多媒体教室也开始授课了，问题也随之出现了。虽然教师在课堂加入视频、PPT、图片、动画等，但往往是教师一个人在讲台上说得很精彩，学生都在下面沉默、被动地听，对即将学到的内容不了解。放手让学生们上网后，由于高职院校学生的特点，他们对学习的兴趣不浓，有的学生只是利用网络玩游戏、浏览网页等。由于教师缺乏对网络课堂的有效掌控，使得上网教学没有实效，教学效果也不明显，有的甚至还不如传统教学的效果好。

2. 教师工作量增大，信心不足

高职院校在信息化教学的建设工程中，投入了大量的精力，对授课教师的能力要求越来越高。为了给学生提供更多的学习资源，教师课前要做大量的准备工作，还要管理校园网络、组织上网教学，工作量大大增强，由于教师的精力有限，信息化学习受限，教师们开始对网络教学缺乏信心，积极性也降了下来。

四、"互联网+"时代教育信息化的发展趋势

（一）互联互通的优质资源共享新趋势

1. 数字学习资源的校内校外共享

"互联网+教育"为数字化学习资源提供了校内校外共建共享和持续进化的生态环境。由于工作量大、时间有限等原因，教师很难自行从无到有去开发数字化学习资源，但社会化商业资源又难以满足课堂教学的个性化应用需求。因此，教师往往会对外来资源进行二次开发和适应性完善，生成一个可用性更高的新资源。这样的资源在后续的共建共享中还会继续被其他教师进行个性化完善和修订，其可用性和适用程度会越来越高，这种资源进化的实现是非"互联网+"时代所不能做到的。

2. 强校和弱校之间、发达地区与落后地区之间的共享

现阶段，我国各个地区之间教育发展仍不平衡，尤其是城市地区与农村地区、发达地区与欠发达地区之间。即使在同一地区，教育均衡问题也面临着巨大的挑战。因为经济水平和文化发展方面的原因，短时间内仅依靠政策保证、资金投入、师资调整等途径来解决教育均衡问题依然是困难重重。在"互联网+"时代，借助互联网技术，让发达地区的学校带动落后地区的学校，充分汇聚多方优势为薄弱学校提供保障，实现学习资源和师资力量共享，整体上提高办学水平。

跨校跨区域的全方位或长时效的资源共享模式，通过深度共享共用数字化学习资源和教师人力资源、管理资源等，能够帮助改善教育发展不均衡的现状，是"互联网+"时代对教育均衡解决方案的有效补充。

3. 区域教育公共服务平台的转型

知识经济时代呼吁以人为本的个性化教育。教育作为一种社会公共服务，不仅要解决有无的问题，更要满足学生的个性化发展需求，关注学生的实际获得。政府通过教育公共服务平台实现对学生、家长的直接教育供给。在"互联网+"时代，有了云计算等先进技术的支持，在采集和分析学生学习行为数据的基础上，教育公共服务更能进一步实现对学生个体的关注和个性化需求的针对性满足。

4. 全社会智慧的汇聚，实现"草根服务草根"

互联网不仅是每个人展现自我的舞台，更能将这些能量有效汇聚，实现时代性的突破和创新。在"互联网＋"时代，能够提供教育教学服务的，不仅仅是政府和学校、校外教育机构，还有广泛的社会力量，甚至可以是某位看起来与教育工作毫无关系的普通人。

社会力量和草根力量未来会在更大范围内实现教育的创新格局，传统学校和教师将不再是学习的唯一渠道。这种变化，将会影响和改变教育体系的要素与结构，可以说，这是一种教育生态体系的变革。

（二）线上线下融合的"互联网＋教学"新趋势

1. 翻转课堂和习本课堂改变了课堂教学的职能

翻转课堂是从美国引进的概念，是近年来基础教育领域的一股清泉，为学校教育和课堂教学的改革带来了极大的启发和鼓舞。何克抗教授认为，翻转课堂体现着"混合式学习"的优势，符合人类的认知规律，有助于构建新型师生关系，能促进教学资源的有效利用与研发，是"生成课程"这一全新理念的充分体现。很多学校和教师在翻转课堂思路的基础上，根据实际情况开展了进一步的实践和探索。

习本课堂不仅从形式上改变了教学实践过程，更在教学理论创新层面做出了贡献，习本理论将在一定范围内对师生行为方式的改变和基础教育教学的变革提供理论支持。翻转课堂和习本课堂虽有所不同，但二者都是新的教学要素与教学关系重组的典型案例，改变课堂职能、颠覆传统教学的创新本质殊途同归。同时，尽管翻转课堂和习本课堂改变了教学过程和顺序，但与混合式教学在"生成课堂"的本质上是一致的。

2. 联通主义学习理论在基础教育领域的实践萌芽

Web2.0时代背景下诞生的联通主义学习理论关注的是以教学交互和知识创新为核心的新型学习，其代表人物乔治·西蒙斯和斯蒂芬·唐斯认为，知识不仅仅存在于学习者的个体内部，更存在于个体外部，知识在联通中生成和创新。学习即网络的形成，是学习者在不同的网络和节点间进行寻径和意会的过程，而交互是网络连接与形成的关键，因此，交互是联通主义学习的核心与关键。这种交互的重要依据为网络导向和学习者的自我导向。

（三）大数据技术与教育教学融合应用的新趋势

大数据理念及技术正在快速融入各行各业，并呈现出不同的特征、不同的数据采集方式、不同的发展趋势以及不同的应用模式。我国教育领域的发展与改革正面临着前所未有的机遇和挑战，大数据与教育教学的融合应用已是时代发展的必然要求。

1. 基于大数据认识教育教学中的新规律

过去，我们对教与学的认识远远不够。传统的教学分析依靠定性的原则性描述，学习行为不可量化，教师对教学的把握完全依赖自身经验和感觉，很多设计和结论源于教师的假设和推测，教和学的过程中还蕴含着很多尚未摸清的规律和特点。现在，我们可以在大数据技术的帮助下，采用系统科学的方法，打破固有模式和思维定式，综合批量数据，进行广泛关联、深入挖掘和深度钻取，从看似不相关的数据中探索内在联系，寻找可能存在的规律。

通过教育数据综合分析，我们可以科学客观地认识教与学过程中学习的路径、环境的改变等多种因素如何对教学产生影响。这些规律不仅需要依靠精准的数据分析来获得，还可以通过数据可视化技术，借助于图形化手段，进行精准直观的诠释。数据可视化技术能清晰、有效、直观地传达关键的方面与特征，有助于快速抓住要点，实现对教育规律的深入洞察。

大数据技术是"互联网＋"时代的利器之一，它帮助我们从不同角度和不同层面来剖析教学，探索教育教学的新规律。这不仅有助于我们更加清晰和深刻地认识教学，更能帮助我们应用新规律去完善和提升教学。

2. 基于大数据的精细教学管理

在基础教育信息化进程中，教学管理应用从流程信息化入手，其起步要早于教学应用。随着大数据技术的成熟和发展，目前教学管理已经过渡为流程信息化和数据化并重，且教学管理数据深不可测的应用价值远远高于流程性管理应用。

3. 基于大数据的科学教育治理

教育治理是指学校或教育机构管理其共同事务的诸多方式的总和，是使相互冲突的或不同的利益得以调和并且采取联合行动，从而保证整体能够正常运转，完成其社会职责的持续的过程。大数据技术的有效应用，能有效提高教育治理的科学化和现代化，最终目的是更好地提供教育服务，促进教育高质量发展。

数据在教育治理中起着关键的作用。在"互联网＋教育"的环境中，基于大数据技术的支持，教育治理的过程可以更加科学客观。首先，大数据的全样本特征解决了局部数据或抽样数据的片面性问题，使得治理需求的把握更加整体化，便于全盘考虑，做出符合整体需求的决策，尤其在一些教育发展不够均衡的问题上，全样本数据的优势会更加明显；其次，大数据技术可以实现不同维度数据的相关性分析，将教育问题放到更大的社会网络和数据基础上去寻求依据，打破教育行业内部数据的禁锢，解决了不同领域间的数据孤岛问题，便于综合地提出解决方案；再次，数据分析的高效、精准以及可视化等优势，规避了传统的自上而下单向获取信息的弊端，提高了教育治理工作的效率和信度、效度，提高了透明度，便于公开和群众监督；数据可视化技术能提供出清晰直观的分析结果，显著提高信息辨识度，从呈现方式的改变引发数据分析结果传递效率和认知效果的改变，在信息公开等政务治理中发挥正向辅助作用；最后，数据不仅可以洞悉过去，了解当下，更可以预测未来。

第二章 信息化教学

教育信息化已经给教育带来了巨大的变化，使得教育领域正面临着重大而深刻的变革。在这场变革中，我们从基础设施、软硬件资源、师资培训等方面开展了大量的工作，取得了不错的成绩。作为教育信息化的一个重要领域，信息化教学的理论与实践已经取得了丰硕的成果，随着教育信息化逐渐进入成熟阶段，我们关注的重点应从信息化教学的推广和普及转向到理性思考其有效性的问题上来，这是信息化教学实现深入发展和突破创新的必要途径。

第一节 信息化教学的基本概念

一、信息化教学的含义

目前，信息化教学尚没有一个确切的、权威的定义，国内有影响的说法主要如下：

（1）"所谓信息化教学，是与传统教学相对而言的现代教学的一种表现形态，它以信息技术的支持为显著特征，因而我们习惯于将之称为信息化教学。当然，以信息技术为支持还只是信息化教学的一个表面特征，在更深层面上，它还涉及现代教学观念的指导和现代教学方法的应用。"

（2）信息化教学是以现代信息技术为基础的新的教学体系，包括教学观念、教学内容、教学组织、教学资源、教学模式、教学技术、教学评价、教学环境、教学管理等一系列的改革和变化。信息化教学主要包括六个要素，其中，信息网络是基础，信息资源是核心，信息资源的利用与信息技术的应用是手段，而培养信息化人才是目的，信息技术产业和信息化政策、法规和标准是其保障。信息化教学是以教学过程的设计和学习资源的利用为特征的。

（3）信息化教学是信息化教育的主干、核心和重要的表现形态。与传统的教学相对而言，信息化教学是以现代信息技术，特别是计算机技术支持为显著特征的一种教学形态。但是这并不意味着"技术中心"、"技术为本"或"技术决定论"，而是技术为教学更好地服务。也就是利用现代信息技术更好地创造"以人为本"、"以学生的发展为本"、"以适应信息社会的生存为本"的教育教学条件、环境，使教学效果更优化，使学生的学习更有价值。

二、信息化教学的特点

与传统教学相比，信息化教学的特点主要表现在教学和技术两个层面上：

（一）在教学层面上

1. 教学理念的革新化

与传统教学理念相比，信息化教学理念主要表现出"三个转移"：

第一是教学"中心的转移"：由以教师为中心转移为以学生为中心，由以教为中心转移为以学为中心，由以传授知识为中心转移为以"人力开发"（智力、心力和体力）、能力培养特别是创新思维能力培养为中心；

第二是教学"目标的转移"：由培养知识型人才转移为培养能力型（重点是信息能力、创新能力和会学习的能力）、素质型人才，由适应计划经济社会的工作型人才转移为适应信息社会、知识经济、市场竞争、高科技、数字化环境的应用型、创造型人才（主要表现：全面＋个性，人脑＋电脑，智商＋情商）；

第三是教学"技术的转移"：由普通的传媒技术转移为以计算机为核心的高新信息技术；由模拟技术转移为数字技术，并由此引发教学模式、教学手段、教学环境乃至教学理论、课程与技术的整合等一系列的变革和转移，这也是信息化教学的重要标志之一。

2. 教学主体的广义化

教学主体任何时候都是学生与教师，与传统的学校教学活动中教师学生相对具体固定相比，信息化教学活动中的教师与学生的含义要广义得多。教师不仅有"人化"的实体，更有"物化"的电子教师（如各种盘片带形式的电子课件），还有"拟人化"的虚拟教师（各种网络教学平台和智能教学系统）；学生也不再仅仅是局限于学校里的按学科、按专业划分班组的学生，而是包含无域界的、社会性的、广泛的校内外学习者。

3. 信息表征的多元化

多媒体技术的运用，使得教学信息的表征由简单的文字、语言、图表、实物发展为集语音、文字、图形、视频、动画等多元化、一体化的表征形式。这更有利于学习者调动多感官学习，也更有利于不同类型的学习者的需求，以提高学习效率。

4. 教学资源的共享化

国际互联网在全球的普及，使全世界的教育教学信息资源构成了一个最大的资源库，供广大的学习者在任何可以上网的地方共享使用。例如，各种网络教育、教学站点、各种虚拟软件库、各种电子期刊、各种数字化图书馆等。这就为社会化学习、基于资源的学习奠定了强大的基础。不仅如此，网络还可创造一种前所未有的"集体智慧"资源，使世界各地的教育家、科学家、思想家、艺术家们联结起来联机思考，将它们形成于互联网数据库之中，构建成交互式人类共享大脑和思维库，这将超越任何个人的能力和智慧，使人类比以往任何时候都更加聪明。

5. 教学目标的价值化

教学目标的价值取向不再单纯是使学生获取知识、掌握技能以适应计划经济的工作型，而是以"人力开发"为目标的素质教育，以创新精神和创新能力为核心的能力培养，以信息素养特别是信息能力、终身学习能力、信息化生存能力为主体的应用型。这将使教学对象（也是教学产品）——学习者及其学习更富有价值。

6. 教学过程的个性化

信息化教学由于现代信息技术的支持，使教学过程可以真正实现"因材施教"、"自主学习"，特别是利用人工智能建构的智能教学系统（或智能导师系统）可以依据学习者的认知特点、个性和学习方式的不同需要进行教学和提供帮助，实现真正意义上的"个别化教学"、"个性化教学"，这就为培养学习者的创造性（个性是创造性的基石）创造了良好的条件。

7. 教学策略的灵活化

现代信息技术的运用，创造了信息化的教学环境和信息化的教学模式，当然也产生了相应的信息化的教学策略，如教学的组织形式由以课堂为中心的集体授课形式变为网络环境下的个别化、自主化教学、协作式学习、探究式学习、基于资源的学习、基于问题的学习等形式；教学程序由线性组织变为非线性的网状组织；教学方法由教师导向变为双向、多向交互；教师由知识的传授者，变为学习的指导者、咨询者、帮助者和协作者；教学媒体手段由普通媒体变为现代高科技信息媒体等。

8. 教学评价的过程化

与传统的教学评价相比，信息化教学评价不再以考试评定结果、以分数衡量优劣，而是更重视过程评价、自我评价、主观评价、形成性评价和资源评价、绩效评价，使得评价更趋于科学化、人性化、更富有价值。

（二）在技术层面上

1. 教学材料的多媒化

教学材料不再是单纯以印刷媒体为主的"死的"教材，而是以计算机多媒体、超媒体为主的集结构化、动态化和形象化于一体的"活的"教材。例如，各种多媒体、超媒体课件、各种教学系统（包括智能教学系统）、教学平台、各种学习认知工具和教育、教学软件等。"活化"的教材更适合人的"活化"的认知和思维。

2. 教学手段的现代化

现代信息技术的运用使信息化教学的手段从传统教学的教材＋粉笔＋黑板或＋传统媒体，改变为以计算机多媒体技术、网络技术、人工智能技术为核心的现代化手段，使得教学效果更优化，教学效率更高。

3. 教学系统的智能化

随着人工智能技术的不断发展，各种智能教学系统、智能导师系统、智能教学代理系统等不断应用于教学，使得教学更趋于人性化，使得人际交互、内容交互更趋于舒畅、自然，使得学习更趋于个性化、智能化、自主化。

4. 教学媒体的数字化

以计算机为核心的数字技术的发展，使得教学媒体、教学设备全面实现数字化，数字化意味着大容量、高速度、一体化、小型化、智能化和自动化，这不仅为人类数字化学习提供了硬件环境和技术条件，也创造了更好的软件环境。

5. 信息传输的网络化

以计算机网络为核心的网络技术的迅速发展，实现了数字卫星通信网、数字移动通讯网和 Internet 的多网融合的趋势，更有利于教育信息的传输和教育资源的共享，更有利于数字化学习和终身学习的实现。

6. 教学环境的虚拟化

信息化教学的最大特点就是教学环境不再受物理时空的限制，如虚拟教室、虚拟实验室、虚拟校园、虚拟学习社区、虚拟图书馆、虚拟阅览室等的使用，使学习超越地域、年龄、文化背景等限制，不仅为数字化学习创造了环境条件，而且为全民教育、终身教育的实现创造了环境条件。

7. 教学管理的自动化

与传统的人工化教学管理相比，由现代信息技术支持的教学自动化管理系统的出现，实现了全方位的教学自动化管理。从网上招生、电子注册、自主选课、建立电子学档、学习过程监控、学习任务分配、学习问题诊断、教学指导、教学活动记录、作业批改、网上测试、教学评价、教学成果或电子作品展示一直到网上毕业、就业信息等通盘自动管理，加快了教学信息化进展的步伐。

三、信息化教学的实践领域

信息化教学的根本目的在于借助于现代信息技术和信息资源的支持，为学习者创设良好的信息化学习条件，培养学习者利用信息技术自主、高效学习的能力和终身学习的能力，以适应信息社会发展的需要。

信息化教学的实践领域主要包括现代远程教育、学校信息技术教育和教育管理及各种信息技术人才培训三个领域。其中，现代远程教育领域，主要体现在中国广播电视大学、普通高校网络教育学院和面向基础教育的各种网校等；学校信息技术教育领域主要体现在学校的信息化软硬件的建设、信息技术知识的学习和培训、信息技术与课程的整合等；教育管理及各种信息技术人才的培训领域主要体现在各种教育系统，特别是学校教育、教学系统的信息化管理和信息技术人才（教师、管理人员、辅助人员等）的培训等。

在这三个领域中，利用计算机多媒体特别是计算机网络实施教学是信息化教学的主流和代表形式，因此，在这里我们对信息化教学的研究主要是对网络环境下的教与学及其相关问题的研究。

网络这里主要指计算机网络，包括广域网和局域网，如 Internet、城域网、校园网等。这里网络既是教学信息的载体，又是教学信息传播的媒体；既是教学资源（Internet 是世界上最大的资源库，图书馆），又是教学环境（Internet 是世界上最大的学校、教室，是超越时空地域、可覆盖全球的集成教学环境）；既是信息化教学赖以进行的、最先进的交互工具，又是教学结果及时获得评价的技术手段；既是现实的，又是虚拟的；既具有物理的、社会的、文化的特征，又具有心理的、认知的特征。

网络教学（web-based Instruction）是目前信息化教学的主要表现形式，它是指利用计算机网络的特性功能和资源环境进行的教与学的活动；或者说是借助于互联网建立有意义的学习环境（如网络学习资源、网络学习社区、网络技术平台等），以促进和支持学习者学习的教学活动。网络教学既是教与学的活动过程，又是学习资源开发、利用、创造、再生的过程；既是学习者自主学习知识的有效途径，又是开发、培养、创造、提高信息素养、自我价值、完善自我人格的有效途径；更是终身教育得以实现的有效途径。

第二节　信息化教学的有效性分析

一、信息化教学的再解读：本源与内涵

信息化教学已经不是一个新名词，在经历了多年的实践和探索后，人们逐渐对信息化教学有了一定的认识。所谓信息化教学，就是指教育者和学习者借助现代教育媒体、教育信息资源和方法进行的双边活动。从这个定义不难看出，信息化教学是以信息技术的应用为主要特征实现教学过程。然而，仅从这点认识，还不能完全理解信息化教学的内涵，从表面上看，信息技术的支撑是信息化教学的显著特征，然而，从内涵上理解，信息化教学与传统教学有着本质的区别，正如祝智庭等人的观点，以信息技术为支持还只是信息化教学的一个表面特征，在更深层面上，它还涉及现代教学观念的指导和现代教学方法的应用。

高淑芳等人也指出，信息化教学是以现代教育技术为基础的新教育体系，包括教育观念、教育组织、教育内容、教育模式、教育技术、教育评价、教育环境等一系列的改革和变化。因此，信息化带来的不仅是形式上的变化，更是教学内涵的更新，我们应该从更全面的视角和系统的观点来理解信息化教学。

对信息化教学内涵的理解从工具论到系统论的转变是应用逐渐成熟的标志。因此，我们现在对信息化教学的再解读，依然应遵循这个原则。我们应从工具性和人文性两个角度去理解信息化教学。一是信息化教学的工具性，这是信息化教学最初的、最直接的内涵。工具性意指教学中应用信息技术，给教学带来一些工具、技术上的变化，如教学手段的先进、教学环境的现代化、教学材料的多媒体化等，在这种理解下，信息化教学实践就是应用技术来促进教学，在教学的各个环节融入信息化技术的手段；二是信息化教学的人文性，这是信息化教学经历过长期的发展和反思才提出的一些内涵。人文性意指信息化教学要从人的发展角度去重新思考教学的本源，以人文观点理解信息技术的作用，理解教师的角色，关注学生的发展。要避免"人灌变电灌"、"技术凌驾于人之上"等异化现象，就要从人与技术、人与教学、人与信息化的关系中去理解信息化教学。在这种视角下，我们应该更加强调信息化教学的个性化、交互性、评价的多元性、价值取向的人文性等。基于这两点认识，我们再探讨信息化教学有效性和如何实现有效的信息化教学才更有意义。

二、信息化教学有效性：困境中的要求

在与中学一线教师的交流与对话中，经常听到这样的困惑：信息化教学应该如何处理技术与传统教学手段的关系？教师在信息化教学中感到吃力而学生在信息化教学中却感到茫然，我觉得信息化教学的形式只是帮助我多呈现几张图片和几段视频，信息化教学的效果还不如传统教学……凡此种种，这些困惑每每让我感到费解，我们开展信息化教学的研究与实践已经多年了，然而基础教育领域一线教师对信息化教学的理解和实践却仍没有达到我们所预期的变革效果。这些问题和困境不得不让我们停下脚步再次思考信息化教学的意义与要求。在这种困境中，我们再开拓新技术的应用，再翻新技术手段而标新立异无疑让我们走向了揠苗助长的误区和极端，难逃浮躁之嫌。因此，如何使信息化教学发挥最大效益，如何认识和思考信息化教学的有效性问题将是我们不得不面对的一个重要问题。

信息化教学有效性问题是伴随着技术在教学中深入应用而产生的研究课题，目的在于直面当前信息化教学实践所面临的困境，对"如何在教学中使得技术应用能产生更大的效益和影响""如何看待和理解有效的信息化教学"等问题的深究。在探讨信息化教学有效性问题之前，我们有必要先对教学有效性及有效教学等概念做出阐释。

有效教学的理念来源于西方的教学科学化运动，在国内，它随着基础教育课程改革的推进而逐渐进入人们的视野。关于有效教学的含义和取向，一般认为有两种不同的派别：一种是从学习的角度，有效教学主要是促进学生的学，教学有效性归根结底是促进学生学

的教；另一种是从经济学中投入产出分析的角度来分析，从教学投入与教学产出的关系来界定教学的有效性，又可从效率、效果和效益三个方面来界定。

那么对于信息化教学的有效性，我们该如何理解呢？近年来，已开始有研究者进行了界说。信息化教学有效性是指信息技术支持下的有效教学，并由此建立判定信息化教学的有效性策略，即以教学目标的实现为根本，综合效率与效果两方面的要求，考查信息技术在具体教学情境中的运用。信息化教学有效性是指在教学中恰当地运用各种信息资源或媒体实现有效教学，创设有助于学习的环境，以尽可能少的教学投入达到预期的教学效果。其内涵包括几个要点：以课堂环境为基点，以有效教学为根本，以实用视角为指导，以学习策略为指标。胡晓玲则认为有效的信息化教学是信息技术环境支撑的有效教学，是在信息化教学活动中，创设符合教学要求的信息化情境，从而在效果、效益、效率三个方面均能达到教学目标的要求，并能采取有效的评价方式进行评价的系统过程。从以上几种观点可以看出，研究者对信息化教学有效性的理解都强调了一点——运用信息技术来提高教学的有效性或利用技术来支持有效的教学，这点毋庸置疑，这是它最显著的特点。然而，笔者认为，如果仅从这点出发去理解信息化教学的有效性，难免太过简单与机械。对信息化教学有效性内涵的理解，我们应追根溯源，从其本源、追求以及现实困境来探讨。首先要解决的一个重要问题就是理解信息化教学有效性的价值取向，这是探讨该问题的前提和基础。

三、信息化教学有效性的价值取向：关注和追求

价值取向是价值哲学的重要范畴，它指的是一定主体基于自己的价值观在面对或处理各种矛盾、冲突、关系时所持的基本价值立场、价值态度以及所表现出来的基本价值倾向。简单理解，价值取向就是我们站在什么角度来考虑问题、基于什么理念来考虑问题。信息化教学有效性的价值取向就是我们在对信息化教学有效性的评判中按照某种价值观念进行价值选择和行为决策时所表现出来的价值倾向性。在讨论信息化教学有效性的价值取向问题时，我们要搞清楚两个问题：有效的信息化教学关注什么？有效的信息化教学追求什么？对这两个问题的回答正是对信息化教学有效性的内容与目标的回答，也是理解信息化教学有效性的核心所在。

（一）关注——从封闭的主体二元对立关系走向互动对话的交互主体性教学

课堂教学的有效性，不仅仅是个课堂教学问题，还是个教育中的教学问题。那么信息化教学有效性就不应局限于课堂教学目标是否达成、课堂教学方法是否恰当等课堂问题，还应更全面地从教育教学的本质上来理解，教学本质是一个师生互动的双边关系，信息化教学有效性也应该是从双边关系的基础上来处理各种教学问题。

在以往的信息化教学讨论中，我们似乎形成了两种相互对立的观点：一种是认为有效的信息化教学是合理运用信息化手段来支持有效的"教"，这种观点在信息化教学开展之

初成为一种主流的观点。在这种观点的引导下，信息化教学有效性就要关注如何促进既定的教学目标的实现，如何实施更为优化的教学策略等，主要是运用信息化手段来提高教学的效率、效果。也就是说，信息化教学有效性的关注点在教师的教的角度；另一种观点则认为有效的信息化教学是有效的支持学生的"学"，信息化教学的有效性是从学生的学是否有效来评判的。这种观点比第一种观点前进了一步，它关注了教学对象和教学的目的。

然而，这两种观点主要是围绕教学的效率和学习目的提出了信息化教学有效性的基本思路，在这种思路中，体现了人们强烈的"工具理性"思想。工具理性是指反映在计算、测量、组织、预测等技术行为中的认识能力，其目的在于追求行动的效率和功利的最大化。这种工具理性思想，在早期的信息化教学实践中起到了较为重要的作用。同时，它也可以说是教学中介性以及有效教学的基础。如果教师不经常借助于工具理性对教学中介进行质疑和反思，他/她就不可能实现有效教学。然而，以工具理性为基础的关于课堂教学有效性的理解可能会带来教学伦理性与教学双边性的缺失。

信息化教学有效性关注的维度不应走向工具理性的旋涡，除了直观的、可测量的教学效果和效率，更要关注师生这一对二元主体的情感以及教学交往。如果我们单方面从教师的"教"和学生的"学"的角度理解信息化教学有效性，便割裂了教学双边二元主体之间的交互特性，难避"机械、肤浅"之嫌。在现实中，我们也能看到这种双极化的实践误区。在从以教师为中心向以学生为中心转变的过程中，很多教师没能把握好度，过分强调学生主体地位，在课堂上放任自流。而在相关的研究中，为了搞好信息化教学，我们要求教师一味地考虑如何突出学习者的主体性，如何让学习者的学习变得轻松、取得收获，而教师本身却感到迷茫和不知所措，甚至极大地加重教师的教学任务和思想压力。试想一下，对于教师而言，在如此繁重的任务和沉重的压力下，这种教学理念和形式能真正持续有效吗？长此以往，只会造成信息化教学的低效甚至负效，这也是很多教师批判甚至放弃采用信息化教学的主要原因之一。因此，有效的信息化教学应从封闭的主体二元对立关系走向互动对话的交互主体性教学。

所谓交互主体性，它是指：人们在交往过程中都是主体，交往各方有相对的独立性，彼此互相承认、互相尊重。同时，它又强调了"交互"的特征：同样具有主体性的人与人之间又总是在某种共同的联系之中彼此相互影响、彼此互相作用的，是互主的。这种彼此之间的相互的影响、作用以及由此引起的变化或发展又总是在同一个过程中，作为不可分割的整体，同时地发生的。信息化教学较传统教学而言，其交互性特点和影响更为突出，它既能突出学生在学习中的主体地位，又能提高教师的教学效率，单方面的提高都不能称之为有效的信息化教学。在信息化教学中，要达到有效的教学，就必须遵循交互主体性教学规律，关注教学主体的二元性，关注教学的双边互动性以及教学活动的生成性。首先，信息化教学中要做到教学过程中主体地位的平等，教师和学生双方都不可能以单纯的主体身份而把其他主体当作客体来对待。因此，信息化教学不能过于偏向教师中心的课程教学体系也不能过于偏向学生中心的体系，教学过程、教学内容以及信息化教学手段和信息化教学模式都必须在充分尊重双方主体身份平等性的条件下进行设计和实施，教师和学生作为互动主体都应该在教学活动中实现其自主性和主动性；其次，信息化教学的交互主体性还要求在教学中通过互动和交往来实现其有效性，这里就涉及交往的基本问题——教师和学生对信息化教学的理解和共识是实现有效信息化教学的前提条件。这一点也是至关重要的，以往的教学实践中，我们经常看到教师煞费苦心地设计了一堂自认为很完美的信息化教学，精心地安排和运用了技术手段，然而教学中却得不到学生的支持和共识，最终事与愿违、事倍功半。因此，有效的信息化教学应关注教学交往过程中师生共同的体验相互认识的心理倾向。

（二）追求——人的发展是信息化教学有效性的核心价值诉求

伊始至今，信息化教学大致经历了最初的热情追捧——理性思考批判中发展的几个阶段，每个阶段人们的关注点和追求都有着不同的变化。由最初追求技术的先进性到现在的应用适切性和合理性，人们对信息化教学有效性的理解走过了一段由感性到理性的进化过程。如今，我们对信息化教学有效性的"有效追求"有了更为深刻的理解。

人的发展始终是教育的终极目标，信息化教学有效性的目标应是促进教学中人的发展。从"人的发展"这一视角检视我们的信息化教学有效性，就不仅要看学生掌握了多少内容、积累了多少知识，更要看我们的信息化教学是否对学生以后的学习和发展产生了影响，看学生在信息化教学中获得了怎样的实质性发展。这里就有一个非常重要的方面——学生高级思维能力的发展。信息化教学环境为学习者的知识建构和高阶思维培养提供了良好的环境，其目标和价值追求就不能仅仅局限于学生知识的积累，更重要的是在信息化教学中追求人的高阶思维发展，注重学生适应信息化社会生存的全面能力的培养。信息化教学的有效追求不仅是信息呈现的多样化、知识的增长等表面上的效益，更应该追求的是运用技术创设丰富的学习环境、促进知识的自主建构和高阶思维技能的培养，这才是信息化教学有效追求的深层含义。

有了这些思考，我们再来考虑课堂教学有效性的"有效"追求，就必须弄清楚真实有效和虚假有效。真实有效主要是指实现教学的实在价值，虚假有效主要是指实现教学的符号价值。这两种价值的区分在很大程度上取决于教学评价思想，也就是如何判断评定教学价值。教学评价是教学价值取向的风向标，传统的教学评价广为诟病的是其评价的绝对性和静态性，人们常常以是否达到教学目标来评判教学的成败，具体的实现方法就是以学生的直观表现和标准化的考试来甄别。而在信息化教学评价中就应摈弃这些缺陷，应更具有人文性和发展性。有学者认为，信息化教学评价应坚持两个原则，即"多元评价"原则和"评价为了发展"原则。多元评价包括评价主体的多元化，评价方法的多样化，评价内容的多维化。发展性评价是指我们在评价时以发展的眼光和发展的视角去看待教学效果。这两个原则很好地阐释了信息化教学评价的思想和理念，对鉴别信息化教学有效性是很有意义的。在实践中，丰富的信息化教学形式为教学评价带来了多样的评价手段和评价技术，我们需要根据不同的信息化教学形式来选择适宜的评价方式，兼顾过程性评价和总结性评价，对学生的评价也不能仅仅以课堂表现以及表象的兴趣和热情来判断教学是否有效，而更应该注重信息化教学对学生后续的发展起到了多大的影响和作用。

同时，人们谈到教学中人的发展，就会惯性地认为此"人"就是学生，促进人的发展就是促进学生的发展，当然，这一点毋庸置疑，但从更为全面的角度看，有效的信息化教学应追求教师和学生的共同发展，这才是可持续的发展、生态的发展。前文说到，实现交互主体性教学要实现教与学双方的主体地位，如果教师的主体性地位得不到体现，必将影响学生主体地位的实现。同样，信息化教学中，教师得不到发展，学生的发展也很难真正实现。试想，教师在信息化教学中只是疲于完成任务，其体验和价值实现得不到满足，那这样的信息化教学也很难带给学生持续的、全面的发展。因此，信息化教学有效地追求人的发展具有生态性，追求的是教学系统内主体之间的相互依赖和共同发展，以及整个教学系统的动态性、自主性，把学生的发展和教师的发展放到一个系统生态中去认识，进而实现个体全面发展。我们在评判信息化教学是否有效时，不仅要看学生获得了怎样的发展，同样也要关注教师在教育教学实践中是否不断地获得发展。当然，这种发展是多方面的，包括教师对信息化教学的认识、态度和情感，也包括教师的信息化教学能力的提升，如信息化教学设计能力、信息化教学方法的运用能力等，表现在能轻松自如地处理信息化教学中的各种问题，不至于为了搞好信息化教学而身心疲惫地完成任务。

四、信息化教学有效性的实践理念与途径

信息化教学有效性的实现，是一个复杂的系统工程，需要多方面的支持和保障。信息化教学有效性的实现条件并不是简单机械地依据某条规律确定出某条原则，往往呈现着错综复杂的情况，要求我们从其内涵及目标取向出发，全面考虑有效教学的原理和信息化教育的研究成果，综合概括地提出指导实践工作的基本要求。在上述系统的理论思考及对实践反思的基础上，我们认为，信息化教学有效性的基本理念与途径应包括以下几点：

（一）生态的信息化教学观

由于信息化教学的理论基础、影响因素、现实环境等多方面的原因，注定信息化教学实践是一个复杂的过程。在这种复杂的实践环境中，我们要实现有效的信息化教学，就必须全盘考虑各种"限制因子"，以全面联系、平衡的思维看待信息化教学有效性问题。生态观的整体观、联系观与信息化教学实践的复杂性不谋而合，它要求我们不能漠视其中任何一个因子，不能割裂其间固有的联系，应以相互联系、和谐共生的思维和理念来指导我们的实践。以往的信息化教学实践思维常常是单向的、单一的，往往将有效性的取向和标准局限于某一个因子，如：关注信息化教学的技术手段而忽视了人，关注了学生的发展而忽视了教师的心理情感等，这样的实践给我们带来了现实的困境。事实上，作为一个以人的发展为最终目标的教育实践活动，信息化教学的复杂性和多样性毋庸置疑，因此，要实

现有效的信息化教学，从生态观的视角审视和指导信息化教学的有效性就显得十分重要。生态观的主要观点体现在系统性、动态性、和谐共生等特征上，其观点和方法论对信息化教学实践具有很强的适切性，要求我们树立全面、协调、可持续发展的思想，促进信息化教学的有效发展、和谐发展。

（二）学教并重的交互主体性教学模式

在信息化教学的研究与实践领域，人们不断探讨新的信息化教学模式的建立。但从现有的成果看，大部分属于以学生为中心的教学范式，这种教学模式较大地发挥了学生主体的作用，对改进传统教学起到了非常重要的作用。然而，它将教学活动交互双方的主体性片面地理解为学习者中心论，割裂了教学双边主体之间的交互特性，容易造成对教学的应有主体（教师）的漠视，这样不利于信息化教学的可持续发展，因此它显然不足以达到真正的有效。所以我们探讨的有效信息化教学应是在重视教师和学生双方主体地位的基础上实施交互主体性教学模式。交互主体性教学要求我们开展信息化教学活动不能成为一种单纯的主客二元对立的活动，教师和学生在主体平等基础上在信息化教学中应产生联系。这种联系是多方面的，包括教学目的、教学内容、教学方式、教学手段等。

（三）动态开放的发展性评价原则

有效教学与有效评价是密不可分的，对信息化教学有效性的探讨离不开对信息化教学评价的思考。前文说到，信息化教学有效性追求的目的是人的发展，那么我们评价信息化教学是否有效就要看信息化教学活动是否满足教与学双边主体的发展需要以及信息化教育教学发展的需要。信息化教学是一个动态的、不断变化的活动过程，它较传统教学而言充满了更多的不确定性和生成性，我们在评价中不能因为突出某一方面而以偏概全，在评价过程中要坚持动态开放的评价原则。动态性要求我们不再过分注重结果的评价，而是注重教学过程的评价，注重信息化教学过程中教师与学生双方的满足感以及发展性。开放性要求我们在评估信息化教学有效性时坚持评价内容广泛性、评价方法多元性。信息化教学有效性的评价是面向主体发展、注重教学实践的长远需要，在信息化教学评价中，要充分发挥教师和学生双方的主观能动性，重视教学有效性与教师专业发展双重发展，建立一种发展性教学评价体系。

信息化教学的有效性，绝不是简单的教学目标的实现，也不能窄化为在多大程度上提高了教学效果。我们对信息化教学有效性的认识和理解应将它置于一个更为系统、更为深入的层面去考虑。信息化教学有效性关注的维度是交互主体性的实现，其核心价值诉求是追求教师和学生的共同发展。有了这些理论上的澄清与认识，相信我们对信息化教学的有效进行能起到一定的理论指导作用。

第三节　信息化教学与传统教学

信息化教学与传统教学没有本质的区别，它也是教师的教和学生的学的双向共同活动，但是信息技术的出现和多媒体在教学中的应用，使得信息化教学在教学手段、教学资源以及教学模式等方面有了新的特点，并与传统教学相比有了很大的差异性。

一、教学手段的差异性

从广义来讲，教学手段就是为了实现预期教学目的，教师和学生用来进行教学活动，作用于对象的信息的、精神的、物质的形态和力量的总和，在这里教学手段主要表现为某种具体的教学媒体。传统的教学媒体主要有黑板、教科书、标本、模型、图表等，因此，传统的教学手段是指教师针对教学内容，运用简单的媒体，单向传播教学信息的方式；信息化教学手段主要是随着多媒体技术在教学中的应用，教师将原来以教材形式存在的各种文字、图像、数据、表格转化为数字化的教学资源，利用多媒体呈现的方式进行教学，同时，多媒体资源也能够快速方便地通过网络传递、共享，提高教学效率。传统教学手段与信息化教学手段的差异如表2-1所示

表2-1　传统教学手段与信息化教学手段的差异

	传统教学手段	信息化教学手段
表现形式	单一化	多样化
媒体特征	传统媒体	多媒体
讲授方式	灌输式的讲授	交互式指导
信息传递	单向传递	双向、多向传递

传统教学的形式单一，主要是以课堂教学为主，教师传授知识、学生接受知识是主要的教学活动。信息化教学的形式多样化，在各种类型的教学环境中开展多样化的教学，如自主学习、协作学习、探究学习等。传统教学主要借助单一化的媒体开展教学活动，教学媒体承载教学信息的能力比较低，传递教学信息的功能比较简单、机械；信息化教学手段具有丰富的教学功能，通过大屏幕投影清晰地传授知识，通过网络开展小组讨论、师生答疑、作业提交、网上学习和测试等，加强了师生之间的交流，培养了学生的自主学习能力。

信息化教学能够提高学习效果，信息化手段集声音、图像、文字等多种信息于一体，极大程度地满足了学生视听等感官需求，激发了学生的学习兴趣；传统教学大多数采用灌输式的讲授方式，教学信息是从教师到学生的单向传递，没有考虑到每个学生的特点，不能做到"因材施教"，从而使教学比较枯燥乏味，不利于学生认知能力的发展；信息化教

学采用的讲授方式是交互式指导，教师与学生之间互动交流，教学信息可以双向或多向传递，既可以从教师到学生，也可以从学生到教师，从而使师生之间形成平等的地位，有利于教学活动的有效实施。

同时，信息化教学具有直观性，它可使形、声、色浑然一体，把一些传统教学手段无法表现的复杂的过程、一些不易观察和捕捉的现象、一些无法现场呈现的场景，都真实、鲜活地呈现在课堂上，创设生动、形象、具有强烈感染力的情境，调动学生学习的积极性，使学生更好地掌握知识，从而提高教学效果。它具有传统教学手段所没有的趣味性、直观性，可以充分调动师生的积极性、主动性和创造性，突破教学的重难点，从而更加容易达到教学目的，使学生在愉快、轻松的环境中获得知识。

尽管传统教学手段和信息化教学手段有一定的差别，但是它们都有各自的优点，在教学过程中，它们是相互补充、取长补短的关系。我们应当将传统教学手段与信息化教学手段结合起来，实现优势互补，才能最大限度地提高教学质量。

二、教学资源的差异性

教学资源是支持整个教学过程达到一定教学目的，实现一定教学功能的各种资源总和，是教学系统中的一切物化资源和非物化资源，主要包括教学资料、支持系统、教学环境等。传统教学资源与信息化教学资源的差异如表 2-2 所示：

表 2-2　传统教学资源与信息化教学资源的差异

	传统教学资源	信息化教学资源
教学材料	书本、教科书、挂图、教学器具、课件、教学电视等	数字化素材、教学软件、补充材料等
支持系统	教师和同伴对学习者的指导与帮助	现代媒体和学习工具对教与学过程的参与，网络信息对学习内容的补充
教学环境	以教室为主，以课堂教学为主要教学形式	以信息技术的应用为特征，多样化的教学环境和教学形式

教学材料蕴含了大量的教育信息，是能创造出一定教育价值的各类信息资源。传统教学材料包括书本、教科书、挂图、教学器具、课件、教学电视等；信息化教学材料指的是以数字形态存在的教学材料，包括学生和教师在学习与教学过程中所需要的各种数字化的素材、教学软件、补充材料等，具体形式有：文本、图形／图像、音频、视频等素材类教学资源，虚拟实验室、教育游戏类、电子期刊类、教学模拟类、教育专题网站等集成型教学资源以及网络课程。

支持系统主要指支持教师有效开展教学活动以及学习者有效学习的内外部条件，包括学习能量的支持、设备的支持、信息的支持、人员的支持等。传统的支持系统主要是指教师和同伴对学习者学习的指导与帮助，以及工具书对学习者学习的帮助等；信息化教学资源的支持系统主要指现代媒体和学习工具对教与学过程的参与，以及海量的网络信息对学习内容的补充等。

　　教学环境不只是指教学过程发生的地点，更重要的是指学习者与教学材料、支持系统之间在进行交流的过程中所形成的氛围。传统的教学环境以教室为主，以课堂教学作为主要的教学形式；信息化教学环境以信息技术的应用为特征，包括校园网、多媒体教室、电子网络教室、电子阅览室、语音实验室、网络教学平台等，教师可以利用多样化的教学环境开展课堂教学，组织学生协作学习、探究学习，指导学生自主学习。

三、教学模式的差异性

　　教学模式是依据教学思想和教学规律而形成的在教学过程中比较稳固的教学程序及其方法的策略体系。它包括教学过程中诸要素的组合方式、教学程序及其相应的策略等。传统教学模式与信息化教学模式的差异如表 2-3 所示：

表 2-3　传统教学模式和信息化教学模式的差异

	传统教学模式	信息化教学模式
教师的地位	知识的灌输者	学习的指导者、帮助者
学生的地位	被动接受知识	主动构建知识
媒体的作用	教师向学生传授知识的工具	教师教的工具、学生学的工具以及交互工具
教学内容的主要来源	课本、教材	课本、教材、网络资源等

　　在传统教学模式中教师是知识的主动施教者，学生是被动接受的对象，媒体是辅助教师向学生传授知识的工具，作为认知主体的学生在整个教学过程中处于被动的地位，扼杀了学生的主动精神和创新能力的培养和发挥。这种模式的优点是有利于教师主导作用的发挥，有利于教师对课堂教学的组织、管理与控制；但它存在一个很大的缺陷，就是忽略学生的主动性、创造性，不能很好地体现学生的认知主体作用。不难想象，作为认知主体的学生如果在整个教学过程中处于比较被动的地位，肯定难以达到比较理想的教学效果，更难以培养出创造型人才。

　　随着现代信息技术在教育领域的应用，特别是网络教学的广泛应用，师生都处于一个信息来源极为丰富和多样的环境中，两者获得信息的机会几乎是均等的。教师不再以信息的传播者或组织良好知识体系的呈现者出现，而应由原来处于中心地位的知识权威转变为学生学习的指导者和合作伙伴。学生的学习不应该是被动接受信息刺激的过程，而是主动构建知识意义的过程。这需要学习者根据自己的知识背景，对外部进行主动选择、加工和处理，从而获得知识的意义。因此，信息化教学模式是根据现代教学环境中信息的传递方式和学生对知识信息加工的心理过程，充分利用现代教育技术手段（主要指多媒体计算机教学网络、校园网和因特网）的支持，调动尽可能多的教学媒体、信息资源，构建一个良好的学习环境，在教师的组织和指导下，充分发挥学生的主动性、积极性、创造性，使学生能够真正成为知识信息的主动建构者，从而达到良好的教学效果。在这种模式下，教师成为课堂教学的组织者、指导者，学生建构意义的帮助者、促进者，而不是知识的灌输者和课堂的主宰者。

总之，知识不能通过教师简单地传递给学生，需要学生自己与学习环境进行交互从而完成知识建构，这种建构无法由他人替代。教学不是知识的传递而是知识的处理和转换，教学由向学生传递知识转变为发展学生的能力、培养学生的主体意识、主体性、个性、创造性和实践能力。在教学过程中应关注动机的激发和维持以及提供学生自主学习的工具性支持。

第四节　高职机电类专业信息化教学现状

随着时代的发展，社会对于人才的需要越来越要求全面化创新化，这也迫切需要高职院校培养人才的方向转变，所以对于高职院校机电教学来说，必须要将信息技术与教育教学相互结合起来，才能实现高职教育质量的提升。

我国高职院校的教育改革一直都在探索中，结合高职院校学生的基本情况，对于教育教学方面的改革也一直在进行中，对于高职院校教育教学改革，必须要紧跟时代的发展，将信息技术与高职教学相结合起来，促进高职院校教学质量的提高，为社会培养更多的人才。

一、高职院校机电教学现状

目前高职院校的教学中，信息教学有一定的应用，但尚处在初级阶段，教师对于信息化的了解也不够深入。主要从三个方面来论述：

首先，信息技术在课堂中的应用，普遍存在着模式单一，延续着传统的教学方式，信息教学只是辅助教，学生获得的知识只是改变了观看的方式而已。这与当代大学生对于知识获取方式的要求并不是很匹配，学校在信息技术建设的发展跟不上信息化发展的脚步，这就造成了教学的落后，培养出来的学生也对于社会的适应能力有限；

其次，高职教师信息化教学能力落后，高职院校教师的信息化素养决定着学生的信息化能力，所以教师必须要培养起自己的能力和素养。目前的教学中，存在着一些问题：一方面是教师对于信息技术以及信息化设备的应用能力不强。信息化设备能够帮助教师获取更多优质的教学资源，更能够让教学的教学重点以及教学难点非常突出地显示出来；另一方面，教师可以为学生提供优质的研究性资源来支持学生的学习研究，如果仅仅靠上课所学的知识，完全不能够丰富学生的知识能力和水平，所以教师必须要充分的应用起信息技术，为学生提供更多的学习资源：

最后，教师在信息化应用过程中，对于"教学做"没有真正的落实和贯彻。信息技术与设备的应用与教育教学的完美融合才是最恰当教学方式和教学方法。目前的教学中，教师对于教学做的一体化的要求没有真正的落实起来。

二、信息化与教育教学的结合

高职机电类课程对于原理的虚拟仿真必须要有一定的认识，而对于这些知识必须要借助于现代信息技术，所以信息化教学能够让学生将教学的内容在经过信息化的处理后有一个更加全面的认识，使得学习的效率得到大幅的提升。这一部分主要就信息化教学的具体的实施过程进行分析，显示信息化教学的优越性。

在实施信息化教学的过程中，必须以学生的认知为基础，以具体的任务为贯彻始终的主线，在结合信息化的教学资源，可以将教学进行分成五个环节来进行：明确需要完成的任务、创立具体的情景、确定具体的任务实施过程、进行任务的评价分析、最后在分析的基础上进行提高拓展。

（一）明确需要完成的任务要求

在这一部分，教师可以通过网络平台来给学生布置任务，学生可以通过利用网络这个平台来搜寻所需要的资料以及与任务相关的内容，学生通过自己的搜寻，可以有效地培养他们运用网络的本领。

（二）创立具体的情景

机电专业最终要将学到的理论知识运用于具体的实践中，所以在这一环节，学生必须要考虑到实际的应用情况，通过观看一些工厂的具体的机床运行视频，让他们可以深刻地体会到工作的实际情况，这不仅能够激发起学生的的学习的兴趣，更能够及早地让他们知道实践的过程。

（三）确定具体的任务实施过程

任务的实施是信息化教学过程中的重点，在这一部分学生必须要认真地来完成。首先，应当对于工作原理进行分析，在分析的基础上，通过信息技术来建立虚拟仿真的模型，学生可以在教师的指导下来完成虚拟布局、接线、排除故障等，让学生能够真正地做到在做的过程中学，在学的过程中做。

（四）进行任务的评价分析

在完成了相关的学习任务后，必须要对所学的内容进行评价分析，在这一阶段，学生可以先进行自评，对于自己在学习的过程中遇到的情况和困难进行总结分析，提出来在课堂上进行解决；然后还可以采用互评，即学生与学生之间进行相互评价，对于双方的优点缺点都相互了解；最后，教师对于学生进行综合评价，对于他们的表现情况以及任务的完成状况进行评定。除此之外，为了使学生能够在走出社会后积极的适应社会的需要，可以与企业的相关的技术人员取得联系，让专业人员定期地来评定学生的实际情况，并提出宝贵的意见，这对于学生的发展具有非常重要的作用。

（五）在分析的基础上进行提高和拓展

在通过具体的实施任务后，学生对于自己的疏漏等都有非常清晰的认识，在这一阶段，便可以总结自己的实际操作问题，利用网络来查询相关的资料，或者与技术人员、教师等进行沟通与交流，实现对于知识的迁移能力，更培养他们的学习的能力和创新的能力，促进全面的发展，以适应社会的需要。

三、高职机电类专业信息化教学的改革策略

（一）提高高职院校教师的信息化教学能力

教师的信息化教学能力是高职机电类课程信息化教学改革的基础。只有教师具备了良好的信息化教学能力，才能带动学生，使学生在信息化教学中受益。因此，提高教师的信息化教学能力是高职院校进行信息化教学改革的首要工作。可以通过以下几种方法来提高教师的信息化教学能力和信息技术应用能力，使教师的能力得到全面提升：第一，教师首先要熟练掌握信息化教学设备，了解信息技术的相关知识，通过教学过程得到信息化教学资源，突破信息化教学中的难点；第二，学会将信息化技术与传统的机电类教学内容相结合，使机电类的学生可以通过信息化教学模式更好地掌握和理解重难点的教学内容；第三，以学生为教学主体，利用信息化技术使学生进行研究性学习，以达到良好的教学效果。

（二）利用信息技术进行机电类仿真教学

高职机电类课程的学习内容往往比较抽象，晦涩难懂。这就可以利用信息技术设备构建模型的优势进行信息化教学。通过构建三维模型，使学生仿佛亲眼看到了机电设备的结构，再利用信息化教学软件，让学生反复练习，达到熟练掌握工作原理的目的。这就是利用信息技术进行仿真教学的优势所在，运用虚拟模型拓展学生的思维方式，比起传统的教学方式来，不仅有利于提高机电类学生的学习质量，也有利于增强学生的实际工作能力。

（三）利用信息技术建立机电类课程教学资源库

优质的教学资源库是信息化教学正常、高效进行的前提。高职院校应该高度重视共享型教学资源库，利用学校的信息技术设备，大力提高学校的信息化水平，完成对信息化的管理、服务、教学等全方位的进步，最终优化学校的教育资源的共享体制。同时，高职院校要对信息化教育资源进行不断升级和完善。比如，更新机电类网络课程，增加虚拟仿真技术软件，完善机电类专业技术资料库，增加机电类学生考证培训版块，优化机电类信息

化教学课件等。通过完善和优化共享型教学资源库，加强对共享资源的管理，保障机电类信息化教学资源的准确和及时，使信息化教学更好地发挥其优点，提高高职机电类课程的教学效率和教学质量，培养全面的专业机电人才。

（四）注重机电类信息化教学的教学过程

高职机电类课程信息化教学应该以学生为主体，高职教师应该以学生的学习效率作为信息化教学效果的参考依据，把信息化资源作为主要工具，根据机电类学生学习的实际情况，设置教学环节。上课之前，教师应该尽早布置学习任务，给学生足够的时间利用教学资源库和网络进行学习，以培养机电类学生的自主学习能力，锻炼学生进行独立思考。以"自动循环控制电路"课为例，课上教师可以利用视频动画、仿真软件帮助学生了解自动循环控制电路的工作原理和动作过程。而仿真软件中模拟实训为实习环节做准备，也激发了学生的学习兴趣，使课堂不再单调。学生可以利用虚拟仿真技术对教学内容进行反复熟悉，配合教学资源库里的实训操作视频，加深对知识的理解。信息化教学过程的合理运用决定了信息化教学的教学质量。因此，必须重视对信息化教学过程的设计。

总而言之，在信息化技术不断发展的社会趋势下，信息化教学改革是势在必行的。通过利用信息化技术，将高职院校的教学与机电行业的发展情况结合起来，使高职院校机电类学生结合实际。这对学生快速适应工作需要，提高社会竞争力具有重要意义。同时，高职机电类课程信息化教学改革需要学生、教师、学校的共同努力，在信息化教学改革的过程中不断发现问题、解决问题，使信息化教学在高职教学中发挥更大的作用。

第三章 高职机电类专业信息化教学的理论基础

信息时代的学与教，要在现代教与学的理论指导下，应用信息技术、信息技术资源、信息技术环境开展教学实验，建构多种教学方式与学习方式，有效地支持与发展学与教，改善教学系统绩效，促进师生、国民、学校与社会发展，推进素质教育，培养学生的创新精神和实践能力。学生可以利用信息技术资源与工具软件进行自主、协作、探究、创新学习。信息技术进入课堂，扩展或延伸了教学活动的时间和空间，使教学信息传播方式发生变化，从而引起教学方式和方法的变化。

第一节 信息化教学的学习理论基础

学习理论是研究人类学习过程的心理机制的一门学问，旨在阐明学习是怎样产生的、它经历怎样的过程、有哪些规律、如何才能进行有效的学习等问题。人们通过实验探索学习现象和学习机制的原理，创立了各种不同理念的学习理论，归纳起来，可分为两大学派，即行为学派和认知学派。目前，具有一定影响力的学习理论有：行为学习理论、认知学习理论、认知建构学习理论、人本学习理论等。

一、行为学习理论

行为学派认为，心理科学是一门行为科学。他们把环境看作刺激，把伴随而来的行为视为反应。持这种观点的人往往依据这样一个基本假说：学生的所有行为都是习得的，都是学生对以往和现在韵环境所做出的反应。这种学习理论的逻辑延伸就是要形成一种改变或修正行为的方法——改变环境。在学校教育中，教师的职责就是要创设一种环境，尽可能适时强化学生正确行为。行为主义学习理论主要解释学习是在既有行为之上的学习新行为的历程，主要是关于由"行"而学到习惯性行为的看法。行为主义学习理论的代表人物和学说有：桑代克的学习联结说，华生的刺激—反应说以及斯金纳的操作性条件反射说等。

1930年起出现了新行为主义理论，以托尔曼为代表的新行为主义者修正了华生的极端观点。他们指出在个体所受刺激与行为反应之间存在着中间变量，这个中间变量是指个体当时的生理和心理状态，它们是行为的实际决定因子，它们包括需求变量和认知变量。需求变量本质上就是动机，它们包括饥饿以及面临危险时对安全的要求。认知变量就是能力，它们包括对象知觉、运动技能等。

在新行为主义中另有一种激进的行为主义分支，代表人物是斯金纳。斯金纳（B. Skinner）在刺激与反应的联结中更强调"强化"的作用。他认为，要使学习成功关键在于提供适当的强化，也就是：第一，通过提供正强化物或移去负强化物就可使相应的行为在长时间内保持在一定的水平上；第二，通过强化的组合，我们又可塑造出较为复杂的行为。这就正如斯金纳所指出的："把强化的组合按所需行为的方向逐次改变，就可能通过塑造过程的一些连续阶段得到极复杂的行为。"因此，我们在教学中应当尽可能地提供正强化物和减少负强化物。

行为主义学习理论在实际的教学和教育工作中有着非常广泛的应用。这些应用中影响最大的就是程序教学。程序教学是20世纪第一个具有全球影响的教学改革运动，深刻地影响到当时美国及世界其他国家或地区的教学改革运动。简单地说，程序教学是通过教学机器呈现程序化教材而进行自学的一种方法。它把一门课程的总目标分为几个单元，再把每个单元分成许多小步骤，学生在学完每一步骤的课程之后，马上就能知道自己的学习结果。在学习过程中，学生可以自定学习步调，自主进行反应，逐步达到总目标。

行为主义学习理论的基本观点是：①学习是刺激与反应的联结，其基本公式为：S-R（S代表刺激，R代表反应），有什么样的刺激就有什么样的反应；②学习过程是一种渐进的"尝试与错误"直至最后成功的过程，学习进程的步子要小，认识事物要由部分到整体；③强化是学习成功的关键。行为主义的学习理论，主要解释学习是在既有行为之上学习新行为的历程，是关于由"行"而学到习惯性行为的看法。其代表主要有桑代克的学习联结—试误说与斯金纳的操作性条件反射学习理论。行为主义学习理论重视知识、技能的学习，注重外部行为的研究。

二、认知学习理论

与行为主义学习理论相对立，源自于格式塔学派的认知主义学习理论，是从20世纪50年代中期之后，随着布鲁纳、奥苏贝尔等一批认知心理学家的大量创造性的工作，使学习理论的研究自桑代克之后又进入了一个辉煌时期。认知主义学习理论认为，学习是对客观事物之间关系的认识，是在刺激与刺激之间建立联系。学习是知识的重新组织，即将原有的知识结构和学习对象本身的内在结构相互作用，这是学习的本质。即学习就是面对当前的问题情境，在内心经过积极的组织，从而形成和发展认知结构的过程，强调刺激反应之间的联系是以意识为中介的，强调认知过程的重要性。因此，使认知主义在学习理论的研究中开始占据主导地位。

认知主义学习理论的代表人物和学说有：克勒（W. Khler）的顿悟说、托尔曼（E.C. Tolman）的认知—目的论、皮亚杰（J. Piaget）的认知结构理论、布鲁纳（J.S. Bruner）的认知发现说、奥苏贝尔（D.P. Ausubel）的认知同化论、加涅（R.M. Gagne）的学习条件论、海德（F. Heider）和韦纳（B. Weiner）的归因理论等。

认知主义学习理论为教学论提供了理论依据，丰富了教育心理学的内容，其主要贡献是：①重视人在学习活动中的主体价值，充分肯定了学习者的自觉能动性；②强调认知、意义理解、独立思考等意识活动在学习中的重要地位和作用；③重视人在学习活动中的准备状态。即一个人学习的效果，不仅取决于外部刺激和个体的主观努力，还取决于一个人已有的知识水平、认知结构、非认知因素。准备是任何有意义学习赖以产生的前提；④重视强化的功能。由于认知学习理论把人的学习看成是一种积极主动的过程，因而很重视内在的动机与学习活动本身带来的内在强化的作用；⑤主张人的学习的创造性。布鲁纳提倡的发现学习论就强调学生学习的灵活性、主动性和发现性。它要求学生自己观察、探索和实践，发扬创造精神、独立思考、改组材料、自己发现知识、掌握原理原则，提倡一种探究性的学习方法，强调通过发现学习来使学生开发智慧潜力，调节和强化学习动机，牢固掌握知识并形成创新的本领。

认知主义学习理论的基本观点是：①学习不是刺激与反应的直接联结，而是知识的重新组织。即学习是认知结构的组织与再组织，其公式是：S-AT-R（A代表同化，T代表主体的认知结构）。客体刺激（S）只有被主体同化（A）于认知结构（T）之中，才能引起对刺激的行为反应（R），即学习才能发生；②学习过程不是渐进的尝试与错误的过程。学习是突然领悟和理解的过程，即顿悟，而不是依靠试误实现的；③学习是信息加工过程。人脑好似计算机。应建立学习过程的计算机模型，用计算机程序解释和理解人的学习行为；④学习是凭智力与理解，绝非盲目的尝试。认识事物首先要认识它的整体，整体理解有问题，就很难实现学习任务；⑤外在的强化并不是学习产生的必要因素，在没有外界强化条件下也会出现学习。认知主义学习理论重视智能的培养，注重内部心理机制的研究。

认知学习理论的不足之处，在于没有揭示学习过程的心理结构。我们认为学习心理是由学习过程中的心理结构，即智力因素与非智力因素两大部分组成的。智力因素是学习过程的心理基础，对学习起直接作用；非智力因素是学习过程的心理条件，对学习起间接作用。只有使智力因素与非智力因素紧密结合，才能使学习达到预期的目的。而认知学习理论对非智力因素的研究是不够重视的。

三、建构主义学习理论

随着认知理论的发展，人们越来越强调学习者在积极主动地建构对知识的理解，这种建构是在主客体交互作用的过程中进行的。认知建构理论强调建构的特殊性，每一学习者都是在自己已有的经验的基础上，以其特殊的方式在建构，并且，每一学习者都是在特定的情境下建构的。每个人对事物都有独特的理解，不同人之间的交流可以影响学习者形成不同的建构。建构主义学习理论是行为主义发展到认知主义以后的进一步发展，该理论发展了早期认知学习论中已有的关于"建构"的思想，强调学生在学习过程中主动建构知识的意义，并力图在更接近、更符合实际情况的情境性学习活动中，以个人原有的经验、心理结构和信念为基础来建构和理解新知识。

（一）建构主义学习理论概述

建构主义源自关于儿童认知发展的理论，由于个体的认知发展与学习过程密切相关，因此利用建构主义可以比较好地说明人类学习过程的认知规律，即能较好地说明学习如何发生、意义如何建构、概念如何形成以及理想的学习环境应包含哪些主要因素等。总之，在建构主义思想指导下可以形成一套新的比较有效的认知学习理论，并在此基础上实现较理想的建构主义学习环境。

1. 建构主义学习理论对学习含义的解释

建构主义学习理论认为，知识不是通过教师传授得到，而是学习者在一定的情境即社会文化背景下，借助学习过程中其他人（包括教师和学习伙伴）的帮助，利用必要的学习资料，通过意义建构的方式而获得。由于学习是在一定的情境即社会文化背景下，借助其他人的帮助即通过人际间的协作活动而实现的意义建构过程，因此建构主义学习理论认为情境、协作、会话和意义建构是学习环境中的四大要素或四大属性。

（1）情境

学习环境中的情境必须有利于学生对所学内容的意义建构。

（2）协作

协作发生在学习过程的始终。协作对学习资料的搜集与分析、假设的提出与验证、学习成果的评价直至意义的最终建构均有重要作用。

（3）会话

会话是协作过程中不可缺少的环节。学习小组成员之间必须通过会话商讨如何完成规定的学习任务的计划。此外，协作学习过程也是会话过程，在此过程中，每个学习者的思维成果（智慧）为整个学习群体所共享，因此会话是达到意义建构的重要手段之一。

（4）意义建构

这是整个学习过程的最终目标。所要建构的意义包括事物的性质、规律以及事物之间的内在联系。在学习过程中帮助学生建构意义就是要帮助学生对当前学习内容所反映的事物的性质、规律以及该事物与其他事物之间的内在联系达到较深刻的理解。这种理解在大脑中的长期存储形式就是前面提到的"图式"，也就是关于当前所学内容的认知结构。

由以上所述的"学习"的含义可知，学习的质量是学习者建构意义能力的函数，而不是学习者重现教师思维过程能力的函数。换句话说，获得知识的多少取决于学习者根据自身经验去建构有关知识的意义的能力，而不取决于学习者记忆和背诵教师讲授内容的能力。

2. 关于学习的方法

建构主义学习理论提倡在教师指导下的、以学习者为中心的学习，也就是说，既强调学习者的认知主体作用，又不忽视教师的指导作用，教师是意义建构的帮助者、促进者，而不是知识的传授者与灌输者。学生是信息加工的主体、是意义的主动建构者，而不是外部刺激的被动接受者和被灌输的对象。学生要成为意义的主动建构者，就要求学生在学习过程中从以下几个方面发挥主体作用：①要用探索法、发现法去建构知识的意义；②在建构意义过程中要求学生主动去搜集并分析有关的信息和资料，对所学习的问题要提出各种假设并努力加以验证；③要把当前学习内容所反映的事物尽量和自己已经知道的事物相联系，并对这种联系加以认真的思考。

教师要成为学生建构意义的帮助者，就要求教师在教学过程中从以下几个方面发挥指导作用：①激发学生的学习兴趣，帮助学生形成学习动机；②通过创设符合教学内容要求的情境和提示新旧知识之间联系的线索，帮助学生建构当前所学知识的意义；③为了使意义建构更有效，教师应在可能的条件下组织协作学习（开展讨论与交流），并对协作学习过程进行引导使之朝有利于意义建构的方向发展。

（二）建构主义学习理论的教学思想

建构主义学习理论所蕴含的教学思想主要反映在知识观、学习观、学生观、师生角色的定位及其作用、学习环境和教学原则等六个方面：

1. 建构主义学习理论的知识观

①知识不是对现实的纯粹客观的反映，任何一种传载知识的符号系统也不是绝对真实的表征。它只不过是人们对客观世界的一种解释、假设或假说，它不是问题的最终答案，它必将随着人们认识程度的深入而不断地变革、升华和改写，出现新的解释和假设；

②知识并不能绝对准确无误地概括世界的法则，提供对任何活动或问题解决都实用的方法。在具体的问题解决中，知识是不可能一用就准、一用就灵的，而是需要针对具体问题的情景对原有知识进行再加工和再创造；

③知识不可能以实体的形式存在于个体之外，尽管通过语言赋予了知识一定的外在形式，并且获得了较为普遍的认同，但这并不意味着学习者对这种知识有同样的理解。真正的理解只能是由学习者自身基于自己的经验背景而建构起来的，取决于特定情况下的学习活动过程。否则，就不叫理解，而是叫死记硬背或生吞活剥，是被动的复制式的学习。

2. 建构主义学习理论的学习观

①学习不是由教师把知识简单地传递给学生，而是由学生自己建构知识的过程。学生不是简单被动地接收信息，而是主动地建构知识的意义，这种建构是无法由他人来代替的；

②学习不是被动接收信息刺激，而是主动地建构意义，是根据自己的经验背景，对外部信息进行主动地选择、加工和处理，从而获得自己的意义。外部信息本身没有什么意义，意义是学习者通过新旧知识经验间的反复的、双向的相互作用过程而建构成的。因此，学习不是像行为主义所描述的"刺激－反应"那样简单；

③学习意义的获得，是每个学习者以自己原有的知识经验为基础，对新信息的重新认识和编码，从而建构自己的理解。在这一过程中，学习者原有的知识经验因为新知识经验的进入而发生调整和改变；

④同化和顺应，是学习者认知结构发生变化的两种途径或方式。同化是认知结构的量变，而顺应则是认知结构的质变。同化—顺应—同化—顺应……循环往复，平衡—不平衡—平衡—不平衡，相互交替，人的认知水平的发展，就是这样的一个过程。学习不是简单的信息积累，更重要的是包含新旧知识经验的冲突，以及由此而引发的认知结构的重组。学习过程不是简单的信息输入、存储和提取，是新旧知识经验之间的双向的相互作用过程，也就是学习者与学习环境之间互动的过程。

3. 建构主义学习理论的学生观

①建构主义强调，学习者并不是空着脑袋进入学习情境中的。在日常生活和以往各种形式的学习中，他们已经形成了有关的知识经验，他们对任何事情都有自己的看法。即使是有些问题他们从来没有接触过，没有现成的经验可以借鉴，但是当问题呈现在他们面前时，他们还是会基于以往的经验，依靠他们的认知能力，形成对问题的解释，提出他们的假设；

②教学不能无视学习者的已有知识经验，简单强硬地从外部对学习者实施知识的"填灌"，而是应当把学习者原有的知识经验作为新知识的生长点，引导学习者从原有的知识经验中，生长新的知识经验。教学不是知识的传递，而是知识的处理和转换。教师不单是知识的呈现者，不是知识权威的象征，而应该重视学生自己对各种现象的理解，倾听他们时下的看法，思考他们这些想法的由来，并以此为据，引导学生丰富或调整自己的解释；

③教师与学生，学生与学生之间需要共同针对某些问题进行探索，并在探索的过程中相互交流和质疑，了解彼此的想法。由于经验背景不可避免的差异性，学习者对问题的看法和理解经常是千差万别的。其实，在学生的共同体中，这些差异本身就是一种宝贵的现象资源。建构主义虽然非常重视个体的自我发展，但是他也不否认外部引导，亦即教师的影响作用。

4. 建构主义学习理论下师生角色的定位及其作用

①教师的角色是学生建构知识的忠实支持者。教师的作用从传统的传递知识的权威转变为学生学习的辅导者，成为学生学习的高级伙伴或合作者。教师应该给学生提供复杂的真实问题。他们不仅必须开发或发现这些问题，而且必须认识到复杂问题有多种答案，激励学生对问题解决的多重观点，这显然是与创造性的教学活动宗旨紧密吻合的。教师必须创设一种良好的学习环境，学生在这种环境中可以通过实验、独立探究、合作学习等方式展开学习。教师必须保证学习活动和学习内容保持平衡。教师必须提供学生元认知工具和心理测量工具，培养学生评判性的认知加工策略，以及自己建构知识和理解的心理模式。教师应认识教学目标包括认知目标和情感目标。教学是逐步减少外部控制、增加学生自我

控制学习的过程；

②教师要成为学生建构知识的积极帮助者和引导者，应当激发学生的学习兴趣，引发和保持学生的学习动机。通过创设符合教学内容要求的情景和提示新旧知识之间联系的线索，帮助学生建构当前所学知识的意义。为使学生的意义建构更为有效，教师应尽可能组织协作学习，展开讨论和交流，并对协作学习过程进行引导，使之朝有利于意义建构的方向发展；

③学生的角色是教学活动的积极参与者和知识的积极建构者。建构主义要求学生面对认知复杂的真实世界的情境，并在复杂的真实情境中完成任务，因而，学生需要采取一种新的学习风格、新的认识加工策略，形成自己是知识与理解的建构者的心理模式。建构主义教学比传统教学要求学生承担更多的管理自己学习的机会；教师应当注意使机会永远处于维果茨基提出的"学生最近发展区"，并为学生提供一定的辅导。

学生要用探索法和发现法去建构知识的意义。在建构意义的过程中要求学生主动去搜集和分析有关的信息资料，对所学的问题提出各种假设并努力加以验证。要善于把当前学习内容尽量与自己已有的知识经验联系起来，并对这种联系加以认真思考。联系和思考是意义建构的关键，它最好的效果是与协商过程结合起来。

5. 建构主义学习理论的教学原则

①把所有的学习任务都置于为了能够更有效地适应世界的学习中；

②教学目标应该与学生的学习环境中的目标相符合，教师确定的问题应该使学生感到就是他们本人的问题；

③设计真实的任务。真实的活动是学习环境的重要的特征。应该在课堂教学中使用真实的任务和日常的活动或实践整合多重的内容或技能；

④设计能够反映学生在学习结束后就从事有效行动的复杂环境；

⑤给予学生解决问题的自主权。教师应该刺激学生的思维，激发他们自己解决问题；

⑥设计支持和激发学生思维的学习环境；

⑦鼓励学生在社会背景中检测自己的观点；

⑧支持学生对所学内容与学习过程的反思，发展学生的自我控制的技能，成为独立的学习者。

（三）建构主义的教学模式和教学方法

与建构主义学习理论以及建构主义学习环境相适应的教学模式为："以学生为中心，在整个教学过程中由教师起组织者、指导者、帮助者和促进者的作用，利用情境、协作、会话等学习环境要素充分发挥学生的主动性、积极性和首创精神，最终达到使学生有效地实现对当前所学知识的意义建构的目的。"在这种模式中，学生是知识意义的主动建构者；教师是教学过程的组织者、指导者、意义建构的帮助者、促进者；教材所提供的知识不再是教师传授的内容，而是学生主动建构意义的对象；媒体也不再是帮助教师传授知识的手段、方法，而是用来创设情境、进行协作学习和会话交流，即作为学生主动学习、协作式探索的认知工具。显然，在这种场合，教师、学生、教材和媒体等四要素与传统教学相比，各自有完全不同的作用，彼此之间有完全不同的关系。但是这些作用与关系也是非常清楚、明确的，因而成为教学活动进程的另外一种稳定结构形式，即建构主义学习环境下的教学模式。

1. 支架式教学

支架式教学（Scaffolding Instruction）被定义为："支架式教学应当为学习者建构对知识的理解提供一种概念框架。这种框架中的概念是为发展学习者对问题的进一步理解所需要的，因此事先要把复杂的学习任务加以分解，以便于把学习者的理解逐步引向深入。"

支架原本指建筑行业中使用的脚手架，在这里用来形象地描述一种教学方式：儿童被看作是一座建筑，儿童的"学"是在不断地、积极地建构着自身的过程；而教师的"教"则是一个必要的脚手架，支持儿童不断地建构自己，不断建造新的能力。支架式教学是以苏联著名心理学家维果茨基的"最近发展区"理论为依据的。维果茨基认为，在测定儿童智力发展时，应至少确定儿童的两种发展水平：一是儿童现有的发展水平，一种是潜在的发展水平，这两种水平之间的区域称为"最近发展区"。教学应从儿童潜在的发展水平开始，不断创造新的"最近发展区"。支架教学中的"支架"应根据学生的"最近发展区"来建立，通过支架作用不停地将学生的智力从一个水平引导到另一个更高的水平。

2. 抛锚式教学

抛锚式教学（Anchored Instruction）要求建立在有感染力的真实事件或真实问题的基础上，确定这类真实事件或问题被形象地比喻为"抛锚"，因为一旦这类事件或问题被确定了，整个教学内容和教学进程也就被确定了（就像轮船被锚固定一样）。建构主义认为，学习者要想完成对所学知识的意义建构，即达到对该知识所反映事物的性质、规律以及该事物与其他事物之间联系的深刻理解，最好的办法是让学习者到现实世界的真实环境中去感受、去体验（即通过获取直接经验来学习），而不是仅仅聆听别人（例如教师）关于这种经验的介绍和讲解。由于抛锚式教学要以真实事例或问题为基础（作为"锚"），所以有时也被称为"实例式教学"或"基于问题的教学"或"情境性教学"。

3. 随机进入教学

由于事物的复杂性和问题的多面性，要做到对事物内在性质和事物之间相互联系的全面了解和掌握，即真正达到对所学知识的全面而深刻的意义建构是很困难的，往往从不同的角度考虑可以得出不同的理解。为克服这方面的弊病，在教学中就要注意对同一教学内容，要在不同的时间、不同的情境下、为不同的教学目的、用不同的方式加以呈现。换句话说，学习者可以随意通过不同途径、不同方式进入同样教学内容的学习，从而获得对同一事物或同一问题的多方面的认识与理解，这就是所谓"随机进入教学"（Random Access Instruction）。显然，学习者通过多次"进入"同一教学内容将能达到对该知识内容比较全面而深入的掌握。这种多次进入，绝不是像传统教学中那样，只是为巩固一般的知识、技能而实施的简单重复，这里的每次进入都有不同的学习目的，都有不同的问题侧重点。因此多次进入的结果，绝不仅仅是对同一知识内容的简单重复和巩固，而是使学习者获得对事物全貌的理解与认识上的飞跃。

四、人本学习理论

人本主义心理学是 20 世纪 50 ~ 60 年代在美国兴起的一种心理学思潮，其主要代表人物和学说是马斯洛（A. Maslow）"情意教学过程论"和罗杰斯（C.R. Rogers）"以学生为中心的教学模式论"。人本主义学习理论的基本观点是：①强调人的价值，重视人的意识所具有的主观性、选择能力和意愿；②学习是人的自我实现，是丰满人性的形成；③学习者是学习的主体，必须受到尊重，任何正常的学习者都能自己教育自己；④人际关系是有效学习的重要条件，它在学与教的活动中创造了"接受"的气氛。

（一）自然人性论

人本主义的学习理论是根植于其自然人性论的基础之上的。他们认为，人是自然实体而非社会实体。人性来自自然，自然人性即人的本性。凡是有机体都具有一定内在倾向，即以有助于维持和增强机体的方式来发展自我的潜能；并强调人的基本需要都是由人的潜在能量决定的。但是，他们也认为，自然的人性不同于动物的自然属性。人具有不同于动物本能的似本能需要，并认为生理的、安全的、尊重的、归属的、自我实现的需要就是人类的似本能，它们是天赋的基本需要。在此基础上，人本主义心理学家进一步认为，似本能的需要就是人性，它们是善良的或中性的。恶不是人性固有的，它是由人的基本需要受挫引起的，或是由不良的文化环境造成的。

（二）自我实现人格论及其患者中心疗法

人本主义心理学家认为，人的成长源于个体自我实现的需要，自我实现的需要是人格形成发展、扩充成熟的驱动力。所谓自我实现的需要，马斯洛认为就是"人对于自我发挥和完成的欲望，也就是一种使它的潜力得以实现的倾向"。通俗地说，自我实现的需要就是"一个人能够成为什么，他就必须成为什么，他必须忠于自己的本性"。正是由于人有自我实现的需要，才使得有机体的潜能得以实现、保持和增强。人格的形成就是源于人性的这种自我的压力，人格发展的关键就在于形成和发展正确的自我概念。而自我的正常发展必须具备两个基本条件：无条件的尊重和自尊。其中，无条件的尊重是自尊产生的基础，因为只有别人对自己有好感（尊重），自己才会对自己有好感（自尊）。如果自我正常发展的条件得以满足，那么个体就能依据真实的自我而行动，就能真正实现自我的潜能，成为自我实现者或称功能完善者、心理健康者。人本主义心理学家认为，自我实现者能以开放的态度对待经验，他的自我概念与整个经验结构是和谐一致的，他能体验到一种无条件的自尊，并能与他人和谐相处。

罗杰斯认为，一个人的自我概念极大地影响着他的行为。心理变态者主要是由于他有一种被歪曲的、消极的自我概念的缘故。如果他要获得心理健康，就必须改变这个概念。因此，心理治疗的目的就在于帮助病人或患者创造一种有关他自己的更好的概念，使他能自由地实现他的自我，即实现他自己的潜能，成为功能完善者。由于罗杰斯认为患者有自我实现的潜能，它不是被治疗家所创建的，而是在一定条件下自由释放出来的，因此"患者中心疗法"的基本做法是鼓励患者自己叙述问题、自己解决问题。治疗者在治疗过程中，不为患者解释过去压抑于潜意识中的经验与欲望，也不对患者的自我报告加以评价，只是适当地重复患者的话，帮助他澄清自己的思路，使患者自己逐步克服他的自我概念的不协调，接受和澄清当前的态度和行为，达到自我治疗的效果。而要有效运用患者中心疗法，使病人潜在的自我得到实现，必须具备三个基本条件，这就是：①无条件地积极关注：治疗者对患者应表现出真诚的热情、尊重、关心、喜欢和接纳，即使当患者叙述某些可耻的感受时，也不表示冷漠或鄙视，即"无条件尊重"；②真诚一致：治疗者的想法与他对患者的态度和行为应该是相一致的，不能虚伪做作；③移情性理解：治疗者要深入了解患者经验到的感情和想法，设身处地地了解和体会患者的内心世界。

（三）知情统一的教学目标观

由于人本主义心理学家认为人的潜能是自我实现的，而不是教育的作用使然，因此在环境与教育的作用问题上，他们认为虽然"弱的本能需要一个慈善的文化来孕育他们，使他们出现，以便表现或满足自己"，但是归根到底，"文化、环境、教育只是阳光、食物和水，但不是种子"，自我潜能才是人性的种子。他们认为，教育的作用只在于提供一个安全、自由、充满人情味的心理环境，使人类固有的优异潜能自动地得以实现。在这一思想指导下，罗杰斯在20世纪60年代将他的"患者中心"的治疗方法应用到教育领域，提出了"自由学习"和"学生中心"的学习与教学观。

罗杰斯认为，情感和认知是人类精神世界中两个不可分割的有机组成部分，彼此是融为一体的。因此，罗杰斯的教育理想就是要培养"躯体、心智、情感、精神、心力融为一体"的人，也就是既用情感的方式也用认知的方式行事的情知合一的人。这种知情融为一体的人，他称之为"完人"或"功能完善者"。当然，"完人"或"功能完善者"只是一种理想化的人的模式，而要想最终实现这一教育理想，应该有一个现实的教学目标，这就是"促进变化和学习，培养能够适应变化和知道如何学习的人"。他说："只有学会如何学习和学会如何适应变化的人，只有意识到没有任何可靠的知识，只有寻求知识的过程才是可靠的人，才是真正有教养的人。在现代世界中，变化是唯一可以作为确立教育目标的依据，这种变化取决于过程而不是静止的知识。"可见，人本主义重视的是教学的过程而不是教学的内容，重视的是教学的方法而不是教学的结果。

（四）有意义的自由学习观

有意义学习，不仅仅是一种增长知识的学习，而且是一种与每个人各部分经验都融合在一起的学习，是一种使个体的行为、态度、个性以及在未来选择行动方针时发生重大变化的学习。在这里，我们必须注意罗杰斯的有意义学习和奥苏伯尔的有意义学习的区别。前者关注的是学习内容与个人之间的关系；而后者则强调新旧知识之间的联系，它只涉及理智，而不涉及个人意义。因此，按照罗杰斯的观点，奥苏伯尔的有意义学习只是一种"在颈部以上发生的学习"，并不是罗杰斯所指的有意义学习。

对于有意义学习，罗杰斯认为主要具有四个特征：①全神贯注：整个人的认知和情感均投入到学习活动之中；②自动自发：学习者由于内在的愿望主动去探索、发现和了解事件的意义；③全面发展：学习者的行为、态度、人格等获得全面发展；④自我评估：学习者自己评估自己的学习需求、学习目标是否完成等。因此，学习能对学习者产生意义，并能纳入学习者的经验系统之中。总之，"有意义的学习结合了逻辑和直觉、理智和情感、概念和经验、观念和意义。若我们以这种方式来学习，便会变成完整的人。"

（五）学生中心的教学观

人本主义的教学观是建立在其学习观的基础之上的。罗杰斯从人本主义的学习观出发，认为凡是可以教给别人的知识，相对来说都是无用的；能够影响个体行为的知识，只能是他自己发现并加以同化的知识。因此，教学的结果，如果不是毫无意义的，那就可能是有害的。教师的任务不是教学生学习知识（这是行为主义者所强调的），也不是教学生如何学习（这是认知主义者所重视的），而是为学生提供各种学习的资源，提供一种促进学习的气氛，让学生自己决定如何学习。为此，罗杰斯对传统教育进行了猛烈的批判。他认为在传统教育中，"教师是知识的拥有者，而学生只是被动的接受者；教师可以通过讲演、考试甚至嘲弄等方式来支配学生的学习，而学生无所适从；教师是权力的拥有者，而学生只是服从者"。因此，罗杰斯主张废除"教师"这一角色，代之以"学习的促进者"。

第二节　信息化教学的教学理论基础

教学理论是关于教学情景中教师行为（如引起、维持和促进学生学习）的规定或解释，它关注的是一般的、规律性的知识，旨在指导教学的实践。教学理论是教育学的一个重要分支。它既是一门理论科学，也是一门应用科学；它既要研究教学的现象、问题，揭示教学的一般规律，也要研究利用和遵循规律解决教学实际问题的方法策略和技术；它既是描述性的理论，也是一种处方性和规范性的理论。

一、赞可夫的发展教学理论

赞可夫（Л.В. Занков，1901—1977）是苏联心理学家、教育学家、教育科学院院士。20世纪50—60年代，在苏联进行的教育改革中，教育家赞可夫主持和领导的以"教学和发展的关系"为主题的教育实验以辩证唯物论和系统论为指导，运用心理学、统计学等科学方法，对学生实验教学中达到的发展水平进行了长期的动态研究，同时坚持对实验教学和传统教学的做法和结果进行对照研究。不断总结研究成果，提出了他的发展性教学理论。其基本观点是：① "以尽可能大的教学效果，来促进学生的一般发展"。"一般发展"指的是儿童心理的一般发展，包括智力、情感、意志的发展，要把一般发展作为教学的出发点和归宿；② "教育促进发展"、"既传授知识，又促进发展"；③ "只有当教学走在发展前面的时候，这才是好的教学"。要把教学目标定在学生的"最近发展区"之内，教学要有一定的难度，要让学生"跳一跳"才能摘到"桃子"。

（一）教学应该走在发展的前面

关于教学与发展的关系问题，历来存在着不同的观点，苏联心理学家维果茨基曾经做出分析与概括。第一种观点认为教学与发展是两个互不依赖的过程；第二种观点认为教学与发展两种过程是统一的；第三种观点认为"教学不仅可以跟在发展的后面，推动发展，并在它里面引起新的构成物"。维果茨基从第三种观点出发，提出了衡量儿童发展水平的两个概念："现有发展水平"和"最近发展区"，并让"最近发展区"转化为"现有水平"。因此，"只有当教学走在发展前面的时候，这才是好的教学"。作为维果茨基"最近发展区"理论的教学实践者，赞可夫强调，教学与发展区是互为条件、互相推进的，因而教学不能消极地等待儿童生理的、心理的自然发展，跟着发展走，而应积极地去依靠"正在成熟的机能"，创造"最近发展区"。

（二）要对传统教育进行根本上的改革

赞可夫认为，以传授知识为主的传统教学，远不能适应科学知识大幅度增长和迅速更新的时代状况。凯洛夫教育学代表着苏联20世纪30—40年代传统教育思想体系，它的主要特点是学校至上、课堂教学至上、知识传授至上。在这种教育思想指导下，教材内容太浅、教学进度太慢、多次的重复学习、片面强调机械的记忆和训练。结果，教学不是促进学生的迅速发展，传统教学法使低年级学生（他的实验对象是低年级学生）在发展上取得的效果是很差的，小学生的学习潜力远没有发挥出来。鉴于此，赞可夫主张，不能对传统的教学论进行修修补补，而要进行根本的改革，使教学论得到"决定性的进步"建立一种新的教学论体系，以促进学生的一般发展。

（三）教学改革应主要追求促进学生的一般发展

教学有两个任务，一是发展，二是掌握知识获得技能。一方面，这两者不是一回事，不应当等同起来；另一方面，学生只有在一般发展取得成绩的基础上，才能高质量地掌握知识和技能。因此，现代教学改革应该大力促进学生的一般发展。赞可夫提出："建立实验教学论体系所依据的基本思想，是这一体系的学生的一般发展上取得尽可能大的效果。"赞可夫的一般发展观点强调两点：一是个性发展的整体性，即"学生个性所有力量"，它包括观察力、思维能力、实际操作能力，以及语言、意志、情感、性格、道德意识等；二是个性发展的动态性、"质变"。他还从哲学的高度对一般发展的概念做了这样的揭示："属于儿童的一般发展的，当然还有'发展'这个概念在其无所不包的意义上所包含的那些东西；由简单到复杂、由低级到高级的运动，沿着上升的路线、由旧的质的状态到新的较高的质的状态的运动，更新的过程，新的东西的诞生，旧的东西的消亡等"，可见他对儿童发展问题的认识和研究是十分广阔和深刻的。

（四）教学应遵循实验教学论原则

1. 以高难度进行教学的原则

这是第一的、决定性的"基本原则"，其他原则都与此有内在联系。"难度"这一概念强调的是"障碍的克服"和"学生的努力"，这一原则的特点在于"展开儿童的精神力量，使这种力量有活动余地，并给以指导"。如果教材和教学方法使得学生面前没有出现应当克服的障碍，那么儿童的发展就会萎缩无力。"高难度"并不意味着越难越好，困难的程度要控制在学生的"最近发展区"的范围内。教学的安排如果超过学生的理解能力，就会使他们"不由自主地走上机械记忆的道路"，难以达到促进一般发展的目的。

2. 以高速度进行教学的原则

高难度原则的贯彻在一定程度上依赖于高速前进的原则。这一原则对高难度原则而言是一个辅助原则，但有其独立性。它要求"不断地向前运动"，反对多余的重复和烦琐的讲解以及机械的练习，以节约时间，加快进度。实验证明，每一年级学生不仅可以学好本学年教学法大纲内的材料，还可以多学一些下学年教学大纲的材料。

3. 理论知识起主导作用的原则

这一原则要求加强理论知识在小学教学法活动中的重要作用，这个原则决不忽视儿童获得知识和技巧的意义，而是要求学生在一般发展的基础上，尽可能深入领会有关概念和规律性的认识。它也是根据科技发展条件下儿童抽象思维能力已有提高这一事实提出的。同时，在人们的认识过程中，感性认识和理性认识本来就是有机地交织在一起的，经验和理论处在不断的相互作用之中，因此不能只强调一面。实验教学法在一年级就引进一些必要的定义和概念，要求懂得加法和乘法的交换律并使用代数符号等，学生由此大大地加强了运算的可论证性，能够举一反三。

4. 使学生理解学习过程的原则

这一原则强调让学生学会学习、掌握学习过程和方法。赞可夫指出一般教学论中的自觉性原则和实验教学法论中的使学生理解学习过程的原则，就其掌握的对象而言有区别，前者把知识、技能、技巧作为掌握的对象，即这一原则要求掌握知识之间的内在联系。例如学习乘法表，传统做法是让学生背诵乘法表；实验教学不仅要让学生会背，而且要求了解这一部分教材编排的根据，教会学生总结学习的方法，使学生会分析、比较、综合、归纳，了解所学知识之间的联系，知道产生错误与避免错误的心理机制等等。这样做有利于发展学生的思维能力，提高他们学习的主动性与创造性，教会他们学习。

5. 使班上所有的学生都得到一般发展的原则

这一条原则要求教师充分关心和重视每个学生，尤其是差生的一般发展。这一原则与一般教学论不同，强调差生的一般发展更多地需要教师"在他们的发展上系统地下功夫"。人们通常认为补课和大量练习是提高差生学业水平的有效手段。实际上，大量作业使得差生负担过重，不仅不能促进他们的发展，反而使用他们更加落后。

赞可夫强调，实验教学论体系的每条原则都有自己的作用，同时又是互相联系、相辅相成的。贯彻上述教学法原则主要是为了激发，增加和深化学生对学习的内部诱因，而不是借助分数以及类似的外部手段对学生施加压力。实验教学论教学原则的另一特点是给个性以发挥作用的余地，也就是要求尊重学生个人的特点和愿望。

二、布鲁纳的"结构—发现"教学理论

布鲁纳（J.S. Bruner）的结构主义教学论是第二次世界大战后美国大规模进行教育改革的产物，是心理学与教育学紧密结合的结晶，是当代世界上最有影响的三大教学论之一。布鲁纳首先是一位心理学家，1965 年曾担任美国心理学会主席。他对动物行为、人的感知觉、人对知识的理解与获得知识的过程等心理学问题皆有独特见解。同时又是一位教育学家，尤其是出色的教学论专家。战后他敏锐地将所专长的心理学理论与当时的教育教学问题相结合，深入研究人们关注的各种教学论课题，诸如智力发展、认知过程、课程编制、教学法改革等，并提出许多闪光思想，从而创立了结构主义教学论流派，受到世界各国或地区教育界的瞩目。

布鲁纳的教学思想主要表现在：

（一）要学习和掌握学科的基本结构

布鲁纳认为美国当时的中小学教学内容，由于受到杜威经验论的影响，片面强调具体事实和个人经验的重要性而忽视了理论知识的价值，因此不利于学生智力的发展。他主张提高教学内容的学术水平和抽象理论水平，让学生学习和掌握学科的基本结构，即"不论

我们选教什么学科，务必使学生理解该学科的基本结构"。学科的基本结构，具体地讲就是指每门学科的基本概念、基本原理和法则的体系。

布鲁纳认为，学习学科的基本结构可以有以下好处：第一，懂得基本原理可以使学科更容易理解；第二，把所学的知识用圆满的结构联系起来，有利于知识的记忆和保持；第三，领会基本的原理和概念，有利于知识的迁移和运用，达到举一反三、触类旁通的境地；第四，强调结构和原理的学习，可以缩小高级知识和低级知识之间的差距，有利于各级教育的贯通；第五，可以简化教学内容，"现实的极其丰富的教学内容，可以把它精简为一组简单的命题，成为更经济、更有活力的东西（基本结构）"。

布鲁纳认为，任何学科都有相当广泛的结构，而且任何与该学科有联系的事实、论据、观念、概念等都可以不断纳入一个处于不断统一的结构中，尤其是自然科学和数学这类高度形式化的学科中，更有明晰的基本结构可教给学生。

（二）要组织螺旋式课程

由于学科的结构有较高程度的抽象性和概括性，因此在组织学科结构为中心的课程时，也有相应的要求。"一门课程在他的教学进程中，应反复地回到这些基本概念，以这些基本概念为基础，直到学生掌握了与这些基本概念相适应的完全新式的体系为止。"具体说，就是打通中小学和大学同一学科的界限，组织循环往复达到较高水平的螺旋式课程，使学科内容围绕基本结构在范围上逐渐拓开，在难度上逐渐加深。

编制一个好的螺旋式的课程应从三个方面着手：第一，课程内容的编排要系列化；第二，使学科的知识结构与儿童的认知结构相统一；第三，重视知识的形成过程。

（三）广泛使用发现法

要掌握学科的基本结构，就应想方设法使学生参与知识结构的学习过程，这种方法即他提倡的"发现法"。因此，结构主义教学论与"发现法"是紧密相连的。

布鲁纳发现法教学的一般步骤是：①设置问题情境。提出问题，带着问题观察具体事物；②树立假设。问题讨论、材料改组、经验联系、提出假设；③上升到概念或原理；④转化为活的能力。

结构主义教学论的理论基础来自三个方面：心理学家皮亚杰的"发生认识论"、语言学家乔姆斯基的"转化—生成"说以及布鲁纳的认知—结构理论。布鲁纳认为，知识是可以认识的独立存在的领域，人们追求知识的动因在于"经验"或"事物"内在的规律，而结构是"外加"的，由人塑造、形成、构建。知识可由各学科最出色的专家和学者构成连贯模式，并据此构建儿童的知识。

结构主义教学论的基本观点，尤其是布鲁纳倡导的"发现法"，在科学实践中得到了广泛的应用。"发现法"又称"发现学习"。日本心理学家大桥正夫为其下的定义是："发现学习就是以培养探究性思维的方法为目标，以基本教材为内容，使学生通过再发现的步骤来进行的学习。"因此，发现学习不同于科学家的发明创造，而是将原发现过程从教育角度进行再编制，成为学生可步步学习的途径。"发现法"可激发学生的内部动机、了解问题的发现过程、掌握学科的基本结构，故在数学等自然科学学科中运用比较有效。

布鲁纳在教学上提倡发现法，主张引导学生通过自己的主动发现来学习，要把学习知识的过程和探索知识的过程统一起来，使学生通过体验所学概念原理的形成过程来发展学生的归纳、推理等思维能力，掌握探究思维的方法。其基本程序为：识别概念—形成概念—验证概念—分析思维策略。

1. 识别概念

向学生呈现资料，在诱导性问题的情境中提出具体的事实，引导学生凭借已有的经验通过比较，不断产生假设和检验假设，也可由教师引导学生围绕假设展开讨论，使他们将所获得的片断知识从各种不同角度加以组合，逐步形成统一的认识结构，使假设得以确定。

2. 形成概念

形成概念也就是把不确切的假设再上升到精确概念的过程，把学生带有主观色彩的、不确切的、未分化的假说再上升到概念的高度。

3. 验证概念

教师提供各种事例要求学生辨认，证实或否定他们最初的假设，根据有无必要来决定是否修正他们对概念或属性的选择，通过应用培养他们的迁移能力。

4. 分析思维策略

学生分析他们获得概念所依据的策略，由学生叙述他们的思考过程，弄清楚、并记住他们在这一过程中是如何思考的。

这一模式的作用在于：①可引起学生主动探究的要求，使他们产生内在的学习动机，因为当学生面临教师所提出的新异的未知的情境时，他们已有的思维方式往往被打乱而产生混乱。为了消除这种混乱就产生探究的要求，从而开展积极的思维活动；②有利于迁移能力的形成并可培养学生创造的态度。由于这种模式促使学生对所提出的假说要做出反应，并从中掌握怎样去重组信息能力，因此可以培养学生创造的精神。

但这一模式也有一定的局限性：①这一模式较适用于数理学科，不太适宜以情感为基础的艺术学科；②它需要学生具有一定的知识和先行经验的储备。这一模式的关键是要能树立有效的假设，这就要求学生具有一定的知识经验才能从强烈的问题意识中找到解决问题的第一步线索。

最初布鲁纳主要是通过改革中小学数理科教材来实践结构主义教学论的主张。伴随着美国出现的各种现实问题，20世纪50年代后他逐渐关注智力、能力的发展，20世纪70年代又致力于教育实践应更好地适应社会需要的研究，认为教学"应更多地注意与社会面临的问题相关联的知识"。布鲁纳的结构主义教学论在世界范围内引起了强烈反响。在教学理论上，他通过"发现法"让学生掌握科学的基本结构，引起教学观念的变化，有助于我们正确的处理传授知识与发展能力的关系；在教学实践上，它推动了世界性的教育改革。但它也有不足之处，从课程论观点看，它片面强调学科的基本结构，教学内容过于抽象，而与活生生的社会现实生活联系不够，因而教师水平难以发挥，学生难以接受。另外，学科的基本结构不易找到，故学生的发现更是难题；从教学方法论看，过分强调学生的自我发现，而对教师的主导作用过于轻视，这带来了他在教学实践上盲目地反对机械记忆和接受学习，因而结构主义教学论的实践在美国是不大成功的。另外，他的"三个任何"观点也不大符合学生的身心发展规律。

三、巴班斯基的教学过程最优化理论

巴班斯基（Юрий Константинович Бабанский）是苏联著名教育家。20世纪60年代初，巴班斯基创造了克服大面积留级现象的先进教学经验。在总结这一经验的基础上，他将系统论的基本原理引入教学论的研究，于1972年写成《教学过程最优化——预防学生成绩不良的观点》，提出了最优化教学的理论。

他认为教学论的研究必须从系统的观点出发，始终着眼于整体与部分、部分与部分、整体与外部环境之间的相互关系、相互作用、相互制约，综合地考察对象。教学过程最优化是巴班斯基教育思想的核心。他指出："教学过程最优化是在全面考虑教学规律、原则、现代教学的形式和方法、该教学系统的特征以及内外部条件的基础上，为了使过程从既定标准看来发挥最有效的（即最优的）作用而组织的控制。"为了澄清在教学过程最优化概念问题上的模糊认识，他还多次从不同的侧面对这一概念进行了论述：

①"教学过程最优化不仅要求科学地组织教师的劳动，还要求科学地组织学生的学习活动。"因此，把"最优化"理解为单指教师的工作，是片面的；

②"当谈论最优性时，必须强调指出，这里所说的尽可能最大的效果并非泛泛而谈，乃是针对一所学校或一定班级现有的具体条件而说的"。因此，教学过程的最优化不是泛泛地谈理想，而是具体条件下的最优化；

③"教学教育过程的最优化并不是一种什么新的教学形式或教学方法，而是教师工作的一项特殊原则"；

④用教学过程最优化的原则组织师生的活动时，"不单纯是提高它的效率，而且是要达到最优的，即对该条件来说是最佳的结果"。

按照巴班斯基的观点，"最优的"一词具有特定的内涵，它不等于"理想的"，也不同于"最好的"。"最优的"是指一所学校、一个班级在具体条件制约下所能取得的最大成果，也是指学生和教师在一定场合下所具有的全部可能性。最优化是相对一定条件而言的，在这些条件下是最优的，在另一些条件下未必是最优的。巴班斯基的最优化理论充分体现了辩证法的灵魂——对具体事物进行具体分析。评价教学过程最优化的基本标准有两条：一条是效果标准，即每个学生在教学、教育和发展三个方面都达到他在该时期内实际可能达到的水平（但不得低于规定的及格水平）；另一条标准是时间标准，即学生和教师都遵守规定的课堂教学和家庭作业的时间定额。为使教学过程符合上述标准，他根据辩证系统的方法，对教学过程的因素进行了新的划分，包括社会（目的、内容）、心理（动机、意志等）和控制（计划、调整）方面。巴班斯基认为在师生的教学活动中也存在着社会、心理、控制三方面的因素：社会因素即教育目的和内容；心理因素即师生双方的动机、注意力、意志、情感等；控制因素就是教师对教学的组织、方法的选择和计划的调整以及学生的自我控制。这三个方面的最佳统一，也就是达到教学过程最优化的境界。换句话说，所谓教学过程的最优化，就是要求将社会的具体要求与师生的具体情况和所处的教学环境、条件以及正确的教学原则几方面结合起来，从而选择和制订最佳工作方案（即教案），并在实际中坚决而灵活地施行之，最终达到最佳的教学效果。

他对教学过程的环节也做了新的划分，制定了教学过程最优化的基本方法体系。具体来讲，他提出了最合理的课堂结构、十大教学原则和六项实施办法。巴班斯基认为，应按下列顺序安排课堂教学：提问—讲解—巩固—检查新知识的掌握情况—复习已学过的知识—概括这些知识并使之系统化。他从整体性的观点出发，视教学原则为一系统，它所包含成分即每条原则。十大原则在实际运用时，必须相互联系作为一个整体才能发挥最优作用。其六项实施方法是：①综合考虑任务，注意全面发展；②深入了解学生，具体落实任务；③依据教学大纲，分清内容重点；④根据具体情况，选择合理方法；⑤采取合理形式，实行区别教学；⑤确定最优进度，节省师生时间。

由此可见，教学过程最优化不是具体的教学方法或教学手段，而是一种教学的方法论、教学策略。将其运用于教学实践，可在不同程度上提高教学质量，花费最少的时间和精力，取得最佳的教学效果。它作为一种教学上的优选法，最优化并不是最理想的，其结果应根据具体的条件和实际的可能性来评价。因此，最优化的概念是相对的，并非固定的模式或标准，每个教师都可致力于自己的最优化。

教学过程最优化的具体实施程序由以下 6 个步骤组成：①教学任务的具体化；②选择一定条件下最优组织教学过程的标准；③制定一整套该条件下的最优方法；④尽最大可能改善教学条件，以实施选定的教学方案；⑤实施规定的教学计划；⑥根据选择的最优化标准，分析教学过程的结果。

第三节　信息化教学的方法论基础

一、视听教育理论

1946 年，美国教育技术专家戴尔（E. Dale）在他的《视听教学法》一书中，研究了录音、广播等视听教学手段如何运用于教学，会产生怎样的教学效果等一系列问题，总结了视听教学方法，提出了视听教学理论。戴尔把人类获取知识的各种途径和方法概括为一个"经验之塔"来描述，称之为"经验之塔"理论。

（一）"经验之塔"概述

戴尔（E. Dale）将人们获得的经验分为三大类：做的经验（Doing）、观察的经验（Observing）和抽象的经验（Symbolizing），并将获得这三类经验的方法分为 10 种。

在经验之塔中，首先依据年龄 / 媒介的关系，列出了 10 种可供选用的教学媒介，并指出了学生年龄不同，各种媒体可供选用的范围不同，并依从小到大的年龄顺序，排列出二种可供选用的所谓"经验之塔"。塔的最底层为"直接有目的的经验"，指通过与实物媒体的实际接触，从而获得"在做中学"的实际经验；塔的最高层为"言语符号"，指通过言语媒体的作用，获得相应经验。戴尔经验之塔适用于"认知目标"，对于"态度目标"，则其年龄 / 媒介关系应该倒置过来。在"态度目标"的教学中，年幼儿童容易从其所尊敬的人的言语指示或劝说中改变态度，而年长儿童则易于从直接经历的体验中改变态度。因而以同一张"经验之塔"分别表示"认知目标"与"态度目标"学习时，其媒体，年龄的选择关系的排列顺序是相反的。

1. "做"的经验，包括三个层次

①直接有目的的经验（Direct Purposeful Experiences）：指直接与真实事物本身接触而获取的经验，是通过对真实事物的直接感知（即看、听、尝、嗅、触、做）取得的最丰富的具体经验；

②设计的经验（Contrived Experiences）：指通过模型、标本等间接材料的学习获取的经验。模型、标本是通过人工设计、仿造的事物，多与真实事物的大小和复杂程度有所不同，它是"真实的改编"，这种改编可以使人们对真实事物更容易理解和领会；

③演戏的经验（Dramatized Experiences）：对于我们无法通过直接实践取得的经验，如历史事件、意识形态、社会观念等，我们可以通过扮演某种角色，就可能在接近真实的情况中获得经验，参与演戏与看戏是不同的、演戏可以使人们参与重复的经验，而看戏只能获得观察的经验。

以上三个方面的经验，都包含有亲自的活动，在这三种方式中，学习者都不仅仅是活动的旁观者，更是活动的参与者故称为做的经验。

2."观察"的经验，包括五个层次

①观摩示范（Demonstrations）：通过看别人怎么做，使学生知道一件事是怎样做成的，以后他自己就可以动手模仿着去做；

②见习旅行（Field Tours）：指通过野外的学习旅行，看到真实事物和各种景象，获得经验；

③参观展览（Field Tours）：指通过参观展览，使学生通过观察来获得经验；

④电影和电视（Motion Pictures、Television）：指通过观看电影、电视获得经验，屏幕上的事物是实际事物的代表，而不是它本身。通过看电影和电视，得到的是替代的经验；

⑤录音、无线电、静态图像（Recording、Radio、Still Pictures）：指通过听觉或视觉的方式来获得经验，与电影和电视相比，抽象层次要高一些。

3."抽象"的经验，包括两个层次

①目视符号（Visual Symbols）：主要指图表、地图、示意图等一类抽象符号，它们与现实事物已没有多少类似之处。如在地图上，用圆圈表示城市、乡镇，用线条表示公路、铁路，用曲线表示河流等；

②言语符号（Verbal Symbols）：言语符号包括口头语言与文字。词语符号是一种抽象化了的代表事物或观念的符号。口头语言是基本的，而文字则是第二性的，文字是符号的符号。言语符号处于"塔"的顶端，抽象程度最高，但在使用时，它们总是与"塔"中其他层一起发挥作用。也就是说，学生在自己的全部学习经验中，程度不同地都在进行抽象思维。

（二）"经验之塔"理论要点

①塔的最底层的经验最具体，学习时最容易理解，也便于记忆；越往上越抽象，越易获得概念，便于应用。各种教学活动可以依其经验的具体或抽象程度，排成一个序列；

②教学活动应从具体经验入手，逐步进入抽象经验；

③在学校教学中使用各种媒体，可以使教学活动更具体，也能为抽象概括创造条件；

④位于"塔"的中部层（5个层次）的那些视听教材和视听经验，比顶部层的言语和视觉符号具体、形象，又能突破时间和空间的限制，弥补下层各种直接经验方式之不足。

"经验之塔"理论所阐述的是经验抽象程度的关系，符合人们认识事物由具体到抽象、由感性到理性、由个别到一般的认识规律；而位于塔的中部的广播、录音、照片、幻灯、电影电视等介于做的经验与抽象经验之间的视听媒体，既能为学生学习提供必要的感性材料，容易理解，容易记忆，又便于借助于解说或教师的提示、概括、总结，从具体的画面上升到抽象的概念、定理，形成规律，是有效的学习手段。因此，它不仅是视听教育理论的基础，也是现代教育技术的重要理论之一。

二、系统科学理论

（一）系统科学概述

系统科学是研究系统的一般模式、结构和规律的学问，是在系统论、信息论和控制论的基础上形成的，也是信息时代高科技发展下的认识世界和改造世界的方法论，广泛应用于各领域和学科。它研究各种系统的共同特征，用数学方法定量地描述其功能，寻求并确立适用于一切系统的原理、原则和数学模型，是具有逻辑和数学性质的一门新兴的科学。系统思想源远流长，但作为一门科学的系统论，人们公认是美籍奥地利人、理论生物学家L.V.贝塔朗菲（L.Von. Bertalanffy）所创立的。1968年贝塔朗菲发表专著《一般系统理论基础、发展和应用》（GeneralSystem Theory，Foundations，Development，Applications），真正确立了这门学科的学术地位，该书被公认为是这门学科的代表作。

系统科学认为，整体性、关联性、等级结构性、动态平衡性、时序性等是所有系统的共同的基本特征。这些既是系统科学所具有的基本思想观点，而且也是系统方法的基本原则。

系统科学的基本思想方法，就是把所研究和处理的对象，当作一个系统，分析系统的结构和功能，研究系统、要素、环境三者的相互关系和变动的规律性，并以优化系统的观点看问题。

系统是由若干个要素构成的，系统内部各要素之间的关系构成了系统的结构。系统总是处在相应的环境之中，系统的功能是系统和外部环境之间关系的反应，是通过对环境的作用而表现出来的。系统是多种多样的，可以根据不同的原则和情况来划分系统的类型。按人类干预的情况可划分自然系统、人工系统；按学科领域就可分成自然系统、社会系统和思维系统；按范围划分则有宏观系统、微观系统；按与环境的关系划分就有开放系统、封闭系统和孤立系统；按状态划分就有平衡系统、非平衡系统、近平衡系统和远平衡系统等。此外还有大系统和小系统的相对区别。

系统科学的任务，不仅在于认识系统的特点和规律，更重要的还在于利用这些特点和规律去控制、管理、改造或创造系统，使它的存在与发展合乎人的目的需要。也就是说，研究系统的目的在于调整系统结构，直辖各要素关系，使系统达到优化目标。

（二）教育系统论

1.教育系统的含义

把系统论与教育理论相结合，用于指导教育实践，就产生了教育系统论。把教育作为一个整体加以分析研究，对教育的优化提供了重要的思维方式和手段。教育系统论把教育视为一个由教师、学生、媒体等要素组成的系统。教育要优化，就要协调好各教学要素之间的关系，使之相互支持、相互理解、相互协调和齐心协力。因此，教育系统的功能，不仅决定于构成教育系统诸要素所具有的功能，而且决定于诸要素相互之间的关系，即系统的结构。

2. 教育系统的特征

（1）教育系统的目的性

教育系统因一定的社会需要而产生，以满足一定的社会要求而存在，教育系统的目的在于实现社会的要求。因而，教育系统的目的由社会这一大系统所规定，同时也与教育系统内部的各要素相联系。教育者、教育管理者的水平与素质、受教育者、教育管理对象的接受能力以及教育经费、设施、手段等，都在一定程度上促进或延缓教育目的的实现，决定教育指标的高低。教育系统的目的受社会环境制约，随社会进步而发展，应时代需要而存在，并受到社会实践的检验。

（2）教育系统的整体性

整体性观点是系统论的基本观点之一，包括系统整体的不可分性、系统功能的整体性、系统质量的整体性和系统整体的放大性等内容。

（3）教育系统与环境的统一性

主要指教育系统与环境（自然与社会）的适应性与平衡性。教育系统与环境（自然与社会）的适应性与平衡性表现在教育系统应适应环境发展的需要，教育也只有适应环境的要求才能得到发展；同时，环境又为教育系统的存在和发展提供了条件，教育要以环境为基础，并促进其发展。教育系统与环境是统一的，二者互为条件、互相适应、相互促进、相互制约。

（4）教育系统的相关性

教育系统与外部环境之间、系统之间、系统各要素之间是相互联系、相互作用的，称之为相关性或关联性。特别是教育系统与社会系统中的其他子系统，如政治、经济等系统之间是紧密联系着的。政治系统决定着教育系统的发展方向，而经济系统可为教育系统的发展创造条件。反过来，教育系统的兴衰，也将关系到政治系统和经济系统，它可以巩固一个政权，也可威胁它的存在；它可以促进经济的高速发展，也可能成为制约经济发展的因素。

（5）教育系统的组织性

组织性是指对系统有序度的保持。教育系统的功能以其有序度为条件。如果系统失去了有序度而造成混乱，系统就要瓦解。要保持教育系统的组织性，即维持其有序性，应具备如下条件：一是结构的适应性，指系统的结构应适应系统的功能需要，才能提高系统的组织性，提高有序性，保证功能的实现。如"三个和尚没水喝"就是指要素结构不适应其功能的需要；二是系统的信息流通，指必须保证有足够的信息流通量，信息量不足，则使系统的无序度增高，有序度降低。

（6）教育系统的动态平衡性

教育系统是一个动态的发展过程，处于运转过程中的教育系统，要求它的要素之间、功能与结构之间、状态与目标之间保持动态的平衡，使它们相互适应、彼此匹配。如各科教师之间、师生之间、教师与领导、课程与培养目标、教育内容与教学方法、教师与教辅人数的比例等方面，都要适应。若不改变不适应的要素、结构、状态，就会使教育系统失去教育功能，严重则处于瘫痪状态。

教育系统论是现代教育技术的基础，从系统科学角度来认识现代教育，教育系统被认为是一个多因素、多层次和多功能的复杂系统，组成这个系统的要素包括教师、学生、媒体等。教育系统论就是采用系统分析方法，即从系统的观点出发，坚持在系统与部分、整体与外部环境之间的相互联系、相互作用、相互制约等关系中考察研究系统，以求得到最优化的系统效能。

（三）教育信息论

1. 信息及信息论的概念

信息是事物发出的消息、情报、信号、数据等包含的内容，而不是事物的本身。信息是事物表现的一种普遍形式。信息论是研究控制系统中信息的计量、传递、变换、储存和使用规律的科学，它是由美国数学家香农（C.E. Shannon）于 1948 年创立的。

从信息论的角度来看，信息是对于事物及其状态确定性的度量。凡在一种情况下能增加确定性（或减少不确定性）的任何事物、媒介或行为，都可称为信息。由于将信息定义为事物的确定性，获得信息则表示不确定性或混乱程序的消除、减少，故信息量与概率紧密联系，可以运用数学统计的方法来度量信息，对系统中的信息进行定量分析。信息系统调整自身的秩序或重建新的秩序，获得自身的发展和完善，称为有序化。信息系统要实现它的有序化，其条件是不断地开放于外部世界，获得外界生生不息的信息源泉。

系统的控制是借信息的改变而实现的，对一个系统实行控制，归根到底是对该系统中某些信息实行控制，通过信息的质的选取和量的调节，最后达到控制系统的整个状态。

2. 教育信息及教学过程

在教育系统中传递的信息，称为教育信息，包括教学信息和教育管理信息。教学信息是在教学过程中传递的信息，主要包括知识信息（认知信息）、教学状态信息和教学环境信息。信息论在教育中的应用而形成的理论，称为教育信息论，它是研究教学过程中的"人一人"关系（即师生关系间的教学关系系统），是关于教育信息如何传递、变换和反馈的理论。

从信息理论的基本观点去分析教学过程，可以得到如下几个认识：

（1）教学过程是有序的开放的信息系统

从教学过程所属的系统内部来看，学生或教师首先可以被看作是独立的一个开放信息系统，在教学过程中所产生的变化，总的倾向是有序程度的提高。教师和学生在教学过程中首先是作为一个开放性的传者和受者而出现的。开放性越高，传递和接收的信息越多，学生掌握的知识的有序性就越高。

从教学过程所属的系统来看，它本身是学校环境、社会环境这些大系统中的一个子系统，社会的文化、政治、经济、科技水平和道德价值总是通过社会的个体（教师和学生）对教学过程发生着影响。它们不仅作为条件影响着教学过程中信息的传递和变换，制约着教和学双方的发展，而且在一定条件下还可直接转化为教学信息，使教学过程与社会信息相通，维持其有序性。

（2）教学过程是"人—人"构成的耦合系统

教学过程是一个"人—人"的可逆通信系统，教师和学生双方以对方作为自己存在的条件，既对抗又相依，并互换着角色。理想的教学过程是一个充分耦合的系统，耦合的条件是教学过程处于最佳状态，教师的输出等于学生的输入时，教学信息量的流失和损耗可减少到最低程度。教学耦合系统的特点是：教和学双方具有自主学习、自组织和自适应能力，具有较高的效率和效果；教和学双方必须目标一致，和谐契合，才能提高教学过程信息有序化的功能；教和学之间的这种耦合性是以一定质态、一定数量的知识信息为中介而构成的。正是教学知识信息所产生的问题、矛盾及由此引起的顺应、平衡等状态，才引发了师生之间一系列的耦合活动，使教学过程不断发展走向有序。

（3）教学过程是一个合目的的可控过程

教学过程是教学系统的运行状态，是一个有明确目标，有高度计划性的连续的过程。无论是教材中知识信息的组合序列、教学过程总的序列及局部的序列，还是学生在教学过程中心智的发展序列，都是严格按照全面发展的教育目标所设计、建构的。教学过程所发生的信息影响，完全体现着学校教育的合目的性和可控性。

（4）教学过程是教育信息的传播和反馈的双向过程

教学过程实质上是教育信息传播和反馈的过程。教师将储存状态的教育信息重新组合，变换成输出状态，并考虑如何以恰当的表达方式和顺序传递给学生，并运用反馈原理，不断从学生的反馈信息中获得调节和控制的依据，从而了解情况、发现问题、改进教法和优化效果。学生也可以从教师那里获得反馈评价，了解自己的学习情况和存在问题，从而改进学习方法，提高学习效率。根据信息论的观点，教育活动中信息的传递应该是双向的，既有教师向学生传输的信息，也有从学生那里获得的反馈信息，并给予学生反馈评价。只有这样，师生配合默契，才能获得较好的教学效果。

（四）教育控制论

控制是人类社会的普遍现象，是人类改造世界的基本过程，它是通过信息反馈，进行有效的操作，实现目的的一种活动。控制论是研究各种系统控制和调节的一般规律的科学，是由美国数学家维纳创立的。控制论在教育领域中应用所形成的理论，称为教育控制论。

它是研究教育系统中，运用信息反馈来控制和调节教师的行为，从而达到既定目标的理论。利用现代科技手段传递教育信息，其出发点和归宿在于教育最优化，而优化的关键就在于"信息反馈"，有了反馈，才能进行有效的调节，使教学设计有的放矢，不断完善，更适合学生的实际情况。

1. 教育控制系统

教育系统是根据一定的教育目标，由一定的要素，构成一定的组织形式，实现一定教育功能的整体。为了实现教育的系统功能，达到教育目的，教育者必须运用信息对受教育者实行控制，因而，教育系统又是一个控制系统。教育控制系统是由教育控制者与教育控制对象以一定的联系方式构成的，并与环境相互作用的控制系统。教育控制系统的任务在于获得有关实行控制的信息，形成控制对象，发出控制信号，调节控制行为等。它的功能是改变或保持系统的状态。教育控制系统可分为开环控制系统、闭环控制系统和组合控制系统等三种类型。

教育控制系统的基本要素是教育控制者和教育控制对象，教育控制者和教育控制对象的联系方式决定着教育控制系统的性质和功能，由于控制者和控制对象的各种联系方式而构成了教育控制系统的各种结构，如二部结构、三部结构、层次结构、环形结构、交叉结构和连锁结构等。控制能力是对控制作用与控制目标符合程度的度量，它用控制行为作用值与控制目标值的比来描述，提高控制能力主要是通过扩大控制范围和通过负反馈等方法来实现。

2. 教育控制工程

教育控制工程是运用教育控制论的思想和方法，对教育活动进行控制的工作过程，其目的在于最优化地实现教育目标，它的内容包括教育控制系统的设计和教育控制的最优化。教育控制系统的设计包括目标设计、控制项目的设计（控制对象、控制标准、控制手段等）、控制机构设计等。教育控制的最优化是在一定的限定条件下，使教育系统特性达到最优的控制过程。教育控制最优化是指教育目的的最优化、教育质量的最优化和教育过程的最优化。

（五）系统科学理论对现代教育技术的指导意义

系统科学理论，对人类认识世界、改造世界，有着深远的影响。用"三论"的理论和方法指导教育科学，特别是从中提炼和抽象出来的系统科学的基本原理（反馈原理、有序原理和整体原理），对研究现代教育技术和指导其实践具有重要的意义。

1. 反馈原理

任何系统只有通过信息反馈才能实现控制。在教学实践中主要强调信息传递必须具有双向性。反馈的作用在于使教师及时地获得学生学习态度和学习成效的反馈信息，调整教学程序、教学信息传递速度和教学方法，从而保证教学按照预定的教学目标和教学计划，高效率、高质量地有序进行。

2. 有序原理

任何一个系统的要素及子系统必须调整自身的秩序或重建新的秩序，获得自身的发展和完善，称为有序化。在教育中强调要处理好教学系统内部的要素之间以及与外部环境之间的关系，使它们之间的信息交换处于开放、有序的状态。

在现代教育技术的实施过程中以生动直观的教育信息与方法，更能启发学生积极思维，按照从感性到理性、从直观到抽象、从简单到复杂、从个别到系统的认识过程。因此，有序是最有效的学习方法。

3. 整体原理

整体性是系统的根本属性。整体原理指系统中各要素是相互作用、相互依存的。系统的整体功能不仅包括各孤立部分的功能之和，还应加上各部分相互作用而形成的新结构产生的功能。优化的课堂教学，应重视从教学整体进行系统分析，综合考虑课堂教学过程中的各个要素，包括教学目的的确定、优化的教学方法、优化的媒体选择，并注意各要素之间的配合、协调，发挥系统的整体功能才能达到优化的目标。

第四章 "互联网+"背景下高职机电类专业信息化教学资源库建设

随着信息时代的到来，大量信息技术的不断推出，信息化教学资源的出现为教师的教育和学生的学习提供了一个完美的舞台。实践证明：传统教学方法与信息化教学资源的有效融合，不仅极大地提高了课堂教学效率，有效地激发了学生的学习兴趣和认知主体的能力，唤起了学生学习的积极性和主动性，而且更有助于学生在学习过程中形成新思想、新观念、新方法，增强了学习的创新意识，培养了学生的观察能力、思维能力和创新能力，较好地提高了教学质量。因此，在信息化教育中进行科学而又富创造性的教学资源建设已成为高职机电类专业发展不可缺少的重要内容。

第一节 信息化教学资源概述

一、信息化教学资源的概念

随着教育事业的发展，教学资源建设已成为高职机电类专业学习与教学活动中必不可少的组成部分，成为高职机电类专业教学工作的重点之一，且日益受到教师们的关注。广义的教学资源是指在教与学的活动中进行服务的各种人和物，它既包括非生命的实物和信息，也包括具有能动性的有生命的人力资源，如教师的言语、动作表情、电视、图像等。狭义的教学资源是指在教与学的过程当中所使用的各种硬件媒体以及承载信息的各种软件媒体，如图书、投影仪、视频展台、录像机、教学挂图、教学模型、网络上的各种音频、视频、动画等。

通常认为，信息化教学资源属于信息资源的范畴，是从狭义上理解的一种特殊的教学资源，是一种经过合理选取、组织而形成有序化，并有利于学习者自身发展的有用信息的集合。

本节中的信息化教学资源，主要指蕴涵了大量的教育信息，在教与学的过程中，通过使用者的使用能创造出一定的教育价值，且以数字化形式存在并可在互联网上进行传输的信息资源。

二、信息化教学资源的分类

从信息技术的角度看，我们可以把教学资源分为媒体素材类教学资源、集成型教学资源、网络课程教学资源三大类：

（一）媒体素材类教学资源

媒体素材类教学资源是教学信息传播的基本材料单元，可分为文字资源、图形／图像资源、音频资源、动画资源和视频资源五大类。

1. 文字资源

文字是进行信息交流的一种重要手段，它是通过一定的符号来表达信息的种工具。其根本作用在于承载信息与传递信息。在日常生活中，文字随处可见，如各种报纸、杂志、书刊、网络上的各种文章等。在教与学的过程中，教科书、练习册等主要以文字进行信息传播。因在网络信息传播中使用文字时，不仅有字体、字号大小、文字颜色的变化，而且还有新的拓展，因此一般用"文本"这个词来代表网络上的"文字"这个词。

2. 图形／图像资源

图形是在教与学的过程中比较特殊的一种资源。因其较抽象，所以在传播中承载的信息量较少。图形有数据量小、不易失真的特点。因此，图形在多媒体教学和网络传播中应用较多。从最终的呈现来看，图形与静态图像没有太大区别。

图像也是一种较特殊的教学资源。在信息技术环境下所使用的图像，与报纸杂志和电视使用的图像相比，有如下特点：

（1）信息量大。信息技术环境下所用的图片，色彩比较丰富、层次感强，可以真实地重现生活环境（如照片），因此其承载的信息量较大。一般情况下，我们都是用数字技术把图片压缩并存储在服务器中，容量十分巨大；

（2）选择性强。静态图像非常逼真、生动、形象，可以提供较高质量的感知材料。由于图片多，传递的信息也多，受众在通过图片来获得信息时的选择余地就很大。受众可以根据自己的需要和爱好来挑选图片，将其保存到自己的计算机上，或者将图片打印出来，以后慢慢欣赏；

（3）受众可以对图片进行放大、缩小和编辑。报纸、杂志在刊登图片时，图片大小是固定的、不能变动，受众更不能对图片进行编辑。在信息技术环境下所使用的图片，受众可以点击将图片放大或缩小，也可以用专门的软件对其进行编辑和修改，如用Photoshop可将图片处理成油画效果、水彩画效果、浮雕效果等。显然，这是报纸、杂志在使用图片时无法做到的

3. 音频资源

音频即声音。音频包括波形音频、CD-DA音频和MIDI音频。波形音频是记录声音最

直接的形式，对记录与播放的环境要求不高，因此在媒体教学软件中应用最多，其缺点是数据量比较大；CD-DA 音频又称数字音频光盘，是高质量立体声的一个国际标准；MIDI 音频的播放需要借助解释器，因此对环境要求较高，但由于其数据量比较小，非常适合在呈现背景音乐的场合使用。

音频属于过程性信息，有利于限定和解释画面。音频在教学中如果能被应用得当的话，不仅能用于传递教学信息，调动学生使用听觉接受知识的积极性，还有利于集中学生学习的注意力、陶冶学生的情操、激发学生学习的潜力。

4. 动画资源

动画是通过连续播放一系列画面，给视觉造成连续变化的图画，是对事物运动、变化过程的模拟。它的基本原理与电影、电视一样，都是视觉原理。一般来说，用来传递信息的动画都需要借助专门的工具进行制作。这些动画，按动作的表现形式来区分，大致分为接近自然动作的"完善动画"和采用简化、夸张的"局限动画"；如果从空间的视觉效果上看，又可分为平面动画和三维动画；从播放效果上看，还可以分为顺序动画（连续动作）和交互式动画（反复动作）；从每秒播放的幅数来讲，还有全动画和半动画之分。

动画在制作过程中，忽略了事物运动、变化过程中的次要因素，突出强化了其本质要素，因而有利于描述事物运动、变化的过程。此外，经过创造设计的动画更加生动、有趣，有利于激发学习者的学习兴趣和积极性。

5. 视频资源

同动画媒体相比，视频是对现实世界的真实记录。视频具有表现事物细节的能力，适宜呈现一些对于学习者较陌生的事物。它的信息量较大，具有更强的感染力。通常情况下，视频采用声像复合格式，即在呈现事物图像的时候，同时伴有解说效果或背景音乐。当然，视频在呈现丰富色彩的画面的同时，也可能传递大量的无关信息，如果不加以鉴别，便会成为学生学习的干扰。

（二）集成型教学资源

集成型教学资源，一般是指根据特定的教学目的和应用目的，将多媒体素材和资源进行有效的组织的一种"复合型"的资源。按照这些资源的实际应用形态，又可以将其分为以下类别，即课件与网络课件、案例、操作与练习型、虚拟实验型、微世界、教育游戏类、电子期刊类、教学模拟类、教育专题网站、研究性学习专题、问题解答型、信息检索型、练习测试型、认知工具类和探究性学习对象等。

下面就常用的集成型教学资源做一个简单介绍：

（1）试题库：试题库是指按照一定的教育测量理论，在计算机系统中实现的某个学科题目的集合，是在数学模型的基础上建立起来的教育测量工具；

（2）试卷：试卷是用于进行多种类型测试的典型成套试题；

（3）课件与网络课件：课件与网络课件是指对一个或几个知识点实施相对完整教学的用于教育、教学的软件，根据其运行平台划分，可分为网络版和单机运行的课件，网络版的课件需要能在标准浏览器中运行，并且能通过网络教学环境被大家所共享。单机运行的课件可通过网络下载后在本地计算机上运行；

（4）案例：案例是指由各种媒体元素组合表现的有现实指导意义和教学意义的代表性事件或现象；

（5）文献资料：文献资料是指有关教育方面的政策、法规、条例、规章制度，以及对重大事件的记录、重要文章、书籍等；

（6）常见问题解答：常见问题解答是指针对某一具体领域最常出现的问题给出全面的解答；

（7）资源目录索引：资源目录索引是指列出某一领域中相关的网络资源地址链接和非网络资源的索引。

（三）网络课程类教学资源

网络课程指通过网络表现的、某门学科的教学内容及实施的教学活动的总和，它包括两个组成部分：按一定的教学目标、教学策略组织起来的教学内容和网络教学支撑环境，其中网络教学支撑环境特指支持网络教学的软件工具、教学资源以及在网络教学平台上实施的教学活动。网络课程顺应人们需要终身学习这一趋势，给人们随时获取新知识提供了便利和强有力的支持。

三、信息化教学资源的特点

传统的教学资源易受环境、条件的限制，如书本、报纸、杂志等时间长了易发黄；录像带或录音带上的内容，时间长了会因环境过于干燥而磁粉脱落或因环境过于潮湿而发生粘连等。随着信息技术的发展，现代信息技术环境下的教学资源，弥补了传统教学资源的不足，尤其是在网络技术高度发展的今天，信息化教学资源具有以下特点。

（一）存储与传播的数字化

数字化是计算机数据处理和网络传播的本质特性。当今世界，各行各业的信息处理趋于数字化，由计算机和计算机网络构成的信息处理系统和信息传输系统已将世界的各个角落连为一个村落，在这个世界中，人们在信息处理、加工、传输等方面，都是以数字化方式进行的。正如构成物质世界的基本单元是原子一样，计算机处理的数据是以 0 和 1 两种状态存在的比特，构成网络信息世界的基本单元也是以 0 和 1 两种状态存在的比特，无论是形式多样的图像，还是悦耳动听的声音，归根到底都是通过 0 和 1 这两个数字信号的不同排列组合来表达的。这使得信息不仅在内容上，而且在形式上第一次获得了同一性。

（二）教学资源的丰富性

网络空间无限，通过网络可传送多种媒体教学信息，如文字、声音、视频、动画等，这不但打破了传统教育中单一的教学信息的局面，而且极大地丰富了教学资源的种类，满足了不同层次学习者对学习的需求。同时，网络在信息传送方面非常迅速、快捷，这使得其能够快而新、丰富地反映当今科技的教学内容，不拘泥于一地一校一专业的范围；使得学习者可以通过模拟图书馆或教学资料库的形式，收集大量相关的专业知识资料；反映学科最新的发展动态提供同一学科不同的教学内容，学习者可以及时获得适合自己的教学资源，如最新的教学大纲与构思、教学资料、网络教程、各种教学软件、各种参考文献、全国各地教育管理部门的各种教育政策与措施、研究项目、网络期刊、各种印刷物、各种动态信息（如新闻、会议通知、消息）等。

（三）教学资源的开放性

网络的飞速发展，使得硕大的地球变为地球村。因此，我们的教学资源也具有了前所未有的开放性。换句话说，教学资源的开放性主要表现在：教学资源完全打破了传统的或者说物理上的空间概念。从北京到上海与从北京到纽约的距离，在网络上是一样的。真实的地理隔离不存在了，国界等限制也不存在了，网络上的教学资源可以随用随取。

（四）教学资源的可扩展性

传统的教学资源，其可加工性、可处理性较弱，且不易推广应用，如教学挂图、教学模具等，很难对其进行再加工。信息化时代，完全打破了传统教学资源的这种弊端，使得教学资源具有较大的可扩展性，学习者可在现有资源的基础上进行横向扩展和纵向的精加工，以满足不同学习者或同一学习者不同时期的学习需要。

（五）教学资源的再生性

信息时代是一个富有创造性的时代。信息时代的教学资源可以在学习者的积极参与下，通过学习者利用信息技术对知识的整合、再创造从而实现教学资源的再加工、再创造，丰富其内容。

（六）教学资源使用的灵活性

计算机网络打破了传统教学资源在使用时的时空瓶颈，学习者在学习时可以自由选择课程、教师、学习进度和学习时间，可以从网上查询自己想学的课程和资料，同时学习者在网上学习既可以是实时的，即异地教师、学习者在同时间进行教学活动；也可以是非实时的，即教师预先将教学内容及要求存放在服务器中，学习者根据自己的时间安排，从网上下载以进行学习。只要有计算机、电话线及 Modem 的地方，都是学习的场所。同时学习者还可以通过网络向教师提出问题、和其他学生进行讨论等。

（七）师生在学习活动中的交互性

传统教学中，师生虽可进行同步交流活动，但受到时间、地点的限制。在信息技术的环境下，网络资源一改以往书籍报刊等印刷品以及广播电视等电子信息的单向传递方式，也不同于电话的必须同步的双向交流方式，利用网络工具进行教与学，打破了时空的界限，学习者可以用同步或不同步的方式进行学习，教师与学生、学生与学生之间可以进行双向和多向信息交流，双方可以采用文字、声音、视频等媒介进行信息的交流。

第二节　信息化教学资源的检索与获取

一、信息化教学资源的获取途径

信息化教学资源的来源主要有三个途径：一是将现有的教学资源进行数字化改造，二是师生创作的电子作品；三是由专业人员开发建设的教学资源。

（一）将现有的教学资源进行数字化改造

目前已有大量的媒体素材，但不同的媒体素材的表现方式不同，其特性也不一样，为了能将这些资源存储于教学资源库，对其进行合理的应用，对它们的处理方式也不一样。

文本素材类：如果是传统的文本素材，我们可以通过直接录入、利用OCR技术输入、语音识别、手写识别录入等方式将其转换为数字化素材，然后将其录入教学资源库进行存储。对于数字化文本，我们只需对它进行简单的加工处理，将其录入教学资源库即可。

图像/图形类素材：对于传统的图形/图像类素材，我们可以通过扫描仪、数码照相机等将其转换为数字图像、图形素材，然后利用相关的图形、图像处理软件进行处理，再将其存储于教学资源库中。需要计算机抓图的可以通过些抓图软件进行抓取。

音频素材：对于模拟音频，我们可以通过播放转录的方式将其数字化，或者通过相关的音频采集设备进行采集转换将其数字化，然后将其转存至教学资源库。

视频素材：已有的视频素材，如果是数字化的素材，可将其直接存入教学资源库；如果是非数字化的，可以通过视频采集设备进行采集转换成数字资源，再将其存入教学资源库。

（二）师生创作的电子作品

师生创作的电子作品内容丰富，可以是教学课件、图像、图形、音频、视频等这些作品，如果是非数字化的，则按照前述方法进行转换存储；如果是数字化的则将其直接存入教学资源库。

（三）专业人员开发建设的教学资源

由专业人员开发建设的教学资源是数字化教学资源的主要来源，它的开发和建设步骤如下：首先，搜集各种形式的媒体素材，对素材进行分类与描述；其次，将各种零散的素材集成为完整的教学资源单元；第三，对资源内容进行标引；第四，进行质量检查；第五，当资源制作完成后，需要将全部数字化文件归档，存入资源库。

高职机电类专业自建资源库中的教育资源主要来源于因特网、各类教育光盘、电教资料和教育软件、教师积累软件资料等几个方面：

（1）网上众多的教育网站是自建资源库重要的资料来源。尤其是一些有同步教学资源、资料优质的网站，如中央电教馆资源中心等；

（2）各类教育光盘是由各出版社出版的正式电子出版物，品种较多，如教育论文、多媒体课件等，而且比较权威。各科教参附的教学观摩光盘和教学课件光盘，都是高职机电类专业教师不可忽视与难得的资料，可以选择一些适合机电类专业实际情况的教育光盘，将其中的资源导入资源库；

（3）高职机电类专业教学中积累了大量的电教资料，如教学示教录像片、教学录音带和各种扩展学习的音像资料等。平时，由于受学习场地和时间的限制，这些音像资料的利用率是比较低的，现在可以将这些音像资料转制成数字文件加入资源库中，教师通过校园网就可以随时地调用这些教学资料供教学使用，学生也可以在个性化的学习中随时使用这些音像资源；

（4）教育软件主要分成补助教学软件和教学管理软件两大类，对于其中的一些资料性软件可以将他们的教育资料导入资源库；

（5）由高职机电类专业老师协作开发。教学资源库的建设必须由全体教师共同完成。通常专业教师是这类资源建设的主力军，他们经过教育技术理论与技术培训，掌握计算机操作技能，再结合丰富的学科教学经验，可以制作出教学所需的各类课件。

二、网络教学资源的检索

由于 Internet 上的信息资源广泛地分布在整个网络中，没有统一的组织管理机构，也没有统一的目录，更没有统一的分类标准。下面我们从万维网（World wide Web，wWW）和非万维网两种类型的信息资源的角度来探讨网络信息资源的检索。

（一）万维网信息资源的检索

万维网信息主要以万维网站点（Web）上的资源为主。万维网检索工具常被称为搜索引擎。

1.搜索引擎的概念

随着 Internet 的迅速发展，网络信息以爆炸性的速度不断丰富和扩展，然而这些信息却散布在无数的服务器上，就像散乱在海滩上的珍珠没有被"串"起来，使你无法收集甚至无法发现它们。如果你想将所有的计算机上的信息进行一番详尽的考察，无异于痴人说梦。所以我们面临的一个突出问题是：如何在上百万个网站中快速有效地找到想要得到的信息。

搜索引擎（Search Engine）正是为解决用户的查询问题而出现的。如果说 Internet 上的信息浩如烟海，那么搜索引擎就是海洋中的导航灯。只有通过搜索引擎的查询结果，用户才会知道信息所处的地点，再去该网站获得详细资料。

2. 搜索引擎的主要作用及工作过程

搜索引擎是 Internet 上的一个网站，它的主要任务是在 Internet 上主动搜索 web 服务器信息并将其自动索引，其索引内容存储于可供查询的大型数据库中。当用户输入关键字（Keyword）进行查询时，该网站会告诉用户包含该关键字信息的所有网址，并提供通向该网站的链接。

对于各种搜索引擎，它们的工作过程基本一样，包括以下三个方面：

（1）利用"网页搜索程序"在网上搜寻所有信息，并将它们带回搜索引擎，每个搜索引擎都使用绰号为"蜘蛛"（Spider）或"机器人"（Robots）的网页搜索软件在各网址中爬行，访问网络中公开区域的每一个站点并记录其网址，从而创建出一个详尽的网络目录。各搜索引擎工作的最初步骤大致都是如此；

（2）将信息进行分类整理，建立搜索引擎数据库。在进行信息分类整理阶段，不同的系统会在搜索结果的数量和质量上产生明显的不同。有的系统是把"网页搜索软件"发往每一个站点，记录下每一页的所有文本内容；其他系统则首先分析数据库中的地址，以判别哪些站点最受欢迎（一般都是通过测定该站点的链接数量），然后再用软件记录这些站点的信息。记录的信息包括从 HTML 标题到整个站点所有文本内容以及经过算法处理后的摘要。当然，最重要的是数据库的内容必须经常加以更新和重建，以保持与信息世界的同步发展；

（3）通过 Web 服务器端软件，为用户提供浏览器界面下的信息查询。每个搜索引擎都提供了一个良好的界面，并具有帮助功能。用户只要把想要查找的关键字或短语输入查询栏中，并单击 Search 按钮（或其他类似的按钮），搜索引擎就会根据用户输入的提问，在索引中查找相应的词语，并进行必要的逻辑运算，最后给出查询的命中结果（均为超文本链形式）。用户只需通过搜索引擎提供的链接，马上就可以访问到相关信息。有些搜索引擎将搜索的范围进行了分类，查找可以在用户指定的类别中进行，这样可以提高查询效率，搜索结果的"命中率"较高，从而节省了搜寻时间。

3. 优秀搜索引擎的特点

目前各种各样的中西文搜索引擎有十几种或更多，比较著名的搜索引擎有百度、谷歌等。每个搜索引擎都有其各自的特点，有的以查询速度快见长，有的以数据库容量大占优，但总而言之，一个优秀的搜索引擎应具有以下几个特点：

（1）支持全文检索（Full Text Search）。全文搜索引擎的优点是查询全面而充分，用户能够对各网站的每篇文章中的每个词进行搜索。当全文搜索引擎遇到一个网站时，会将该网站上所有的文章（网页）全部获取下来，并收入到引擎的数据库中。只要用户输入查询的"关键字"在引擎库的某篇文章中出现过，则这篇文章就会作为匹配结果返回给用户。从这点上看，全文搜索真正提供了用户对 Internet 上所有信息资源进行检索的手段，给用户以最全面、最广泛的搜索结果。但全文搜索的缺点是，虽然提供的信息多而全，但由于没有分类式搜索引擎那样清晰的层次结构，有时给人一种繁多而杂乱的感觉；

（2）支持目录式分类结构（Directory）。分类搜索引擎的优点是将信息系统地分门归类，当遇到一个网站时，它并不像全文搜索引擎那样，将网站上的所有文章和信息都收录进去，而是首先将该网站划分到某个分类下，再记录一些摘要信息（Abstract），对该网站进行概述性的简要介绍。最具代表性的目录式分类搜索引擎是Yahoo 网站。分类搜索引擎可以使用户清晰方便地查找到某一大类信息，这符合传统的信息查找方式，尤其适合那些"希望了解某一方面或范围内的信息，并不严格限于查询关键字"的用户。但目录式搜索引擎的搜索范围较全文搜索引擎要小许多，尤其是当用户选择类型不当时，这样有可能遗漏某些重要的信息源；

（3）能够区分搜索结果的相关性（Pertinency）。搜索引擎应该能够找到与搜索要求相对应的站点，并按其相关程度将搜索结果排序。这里的相关程度是指搜索关键字在文档中出现的频度，最高为 1。当频度越高时，则认为该文档的相关程度越高。但由于目前的搜索引擎还不具备智能，除非你知道要查找的文档标题，否则排列第一的结果未必是"最好"的。所以有些文档尽管相关程度高，但并不一定是用户更需要的文档；

（4）检索方法多样、查找手段完备。有些性能完善的搜索引擎不仅能检索Internet 上的文献，还能查找公司和个人的信息；不仅能检索Web 页面，还提供对新闻组内文章的查找；不仅能输入单词、词组或句子进行检索，还能指定多个单词之间的逻辑组配及其位置关系；不仅能以词语查询有关主题的页面信息，也能以特定的域名、主机名、URL 等查找有关信息。此外，还可以对被检索文献发表的语种、日期等进行限制；

（5）其他性能。一个优秀的搜索引擎产品还必须具备查询速度快、具有较好的可维护性、可更新性能等特点。系统必须稳定可靠，并具有完整的容错、备份、崩溃修复机制，这样系统即使出错，也可以得到迅速的恢复。作为商业投资，如果希望以尽量少的投资和较高的性能营运一个搜索引擎，性能价格比也是重要的方面。

4. 搜索引擎的语法规则

搜索引擎一般是通过搜索关键词来完成自己的搜索过程，即输入一些简单的关键词来查找包含此关键词的文章或网址。这是使用搜索引擎最简单的查询方法，但返回结果并不是每次都令人满意的。如果想要得到最佳的搜索效果，就要使用搜索的基本语法来组织要搜索的条件。

（1）使用逻辑操作符。搜索引擎中常用的逻辑操作符是 AND、OR 和 NOT。AND 表示逻辑"与"，可用"&"表示。AND 操作符用于搜索包括两个以上关键词的情况，可以帮助改善并限制搜索结果。例如："计算机 and 设计"，则查询出既包含"计算机"也包含"设计"的文档。OR 表示逻辑"或"，可用"！"来表示；OR 操作符同 AND 操作符相反，使用 OR 寻找用 OR 连接的几个关键词中至少包含一个的文档。当使用 OR 操作符时，通常返回大量的结果。例如："图形 or 图像"，则查询结果为或者包含"图形"或者包含"图像"的文档。NOT 表示逻辑"非"，可用"！"来表示；使用 NOT 寻找包含 NOT 前的关键词但排除 NOT 后的关键词的文档。例如："新闻 not 经济"，则查询结果为包含"新闻"但排除其中有"经济"这个词语的文档。在使用操作符时建议最好用 AND、ORNOT 而不用符号来表示，因为单词容易记忆而且对其他的搜索要求也通用。组合逻辑操作符时，还应当考虑它们的顺序规则。因为逻辑操作符优先级不同，执行时便有一定的顺序，"与"和"非"命令通常在"或"命令前执行。

（2）使用"+、-"连接号和通配符。如果要求特定单词包含在索引的文档中，可以在它前面加一个"+"号，如"+ nternet"，并且在"+"号和单词之间不能有空格。

排除的单词：如果要排除含有特定单词的文档，可以在它前面加一个"-"号。如果想查找联想的计算机产品而不含有"天琴"的系列，应这样写："+ 联想 - 天琴"。

通配符：进行简单查找的时候，可以在单词的末尾加一个通配符来代替任意的字母组合。通配符一般为"*"号，如 Compu* 可以代表 Computer、Compulsion、Compunication 等，星号不能用在单词的开始或中间。

（3）NEAR 操作符。有些搜索引擎提供了 NEAR 操作符，它用于寻找在一定区域范围内同时出现的检索单词的文档。但这些单词可能并不相邻，间隔越小的排列位置越靠前。其彼此间距控制是：Near/n，其中 n 为数值，意为检索单词的间距最大不超过 n 个单词。例如："computer NEAR/100game"，即查找 computer 和 game 的间隔不大于 100 个单词的文档。

（4）使用逗号、括号或引号进行词组查找。

逗号的作用类似于 OR，也是寻找那些至少包含一个指定关键词的文档。不同的是"越多越好"是它的原则。因此查询时找到的关键词越多，文档排列的位置越靠前。

括号的作用和数学中的括号相似，可以用来使括在其中的操作符先起作用。例如："（网址 or 网站 and 搜索 or 查询）"，则实际查询时，关键词就是"网址搜索""网址查询"，或者是"网站搜索""网站查询"。

使用引号组合关键词，可以告知搜索引擎将关键词或关键词的组合作为一个字符串在其数据库中进行搜索。例如要查找关于电子杂志方面的信息，可以输入"electronic magazine"，这样就把"electronic magazine"作为一个短语来搜索。相反，如果不加双引号，搜索引擎就会查出包含"electronic"（电子）及 magazine"（杂志）的网页，会严重偏离主题。

（5）不要滥用空格。在将输入汉字作为关键词的时候，不要在汉字后追加不必要的空格，因为空格将被认作特殊操作符，其作用与AND一样，如果你输入了这样的关键词："数控"，那么它不会被当作一个完整词"数控"去查询，由于中间有空格，会被认为是需要查出所有同时包含"数""控"两个字的文档，这个范围就要比把"数控"作为关键词时的查询结果大多了，更重要的是它偏离了本来的含义，所以关键词输入应为"数控"。

以上是使用各种搜索引擎的基本语法，但也有例外，具体可参考每个搜索引擎的在线帮助。

（二）非万维网信息资源的检索

非万维网信息资源包括：FTP 资源、USENET/Newsgroup（新闻组）、LISTSERV（电子邮件群）Mailing List（用户邮件组）、Telnet 资源、Gopher 资源、WAIS（Wide Area Information Server，广域信息服务器）资源。

1. 查询 FTP 文件的检索工具

FTP（File Transfer protocol）是 Internet 使用的文件传输协议，主要用于传送程序软件和多媒体信息。它采用万维网作为用户界面，运作以大容量和高速度为特点，是获取免费软件和共享软件资源必不可少的工具。它有两种不同的工作方式：一种是在 Internet 任意两个账户之间传送文件，这要求知道两个账户的口令；另一种是匿名 FTP，匿名 FTP 网点允许任何人连入此系统并下载文件，在匿名 FTP 中包含了庞大的有用信息，从中可以找到研究论文、免费软件、会议记录及其他信息。但信息定位较困难，可用专门的检索工具帮助定位，如 Archieplex、Filez、Til.net 等。对于中文 FTP 信息的搜索可用北京大学的"天网搜索"中的"FTP 搜索"。

2. 查询 USENET 的检索工具

新闻组（USENET）由成千上万个兴趣小组（Newsgroup）组成，每个兴趣小组每天来往信息的总量可多达上百条甚至上千条，如此多的信息汇集在一起，构成一个巨大的信息库。因此，相当一部分综合型检索工具（例如：Alta-Vista 和 Infoseek）都把 USENET 信息纳入了自己的收录范围，人们在使用时只需在预先设置好的检索范围内加以选择即可。用于检索新闻组的专门检索工具有 DejaNews、Tile.net 等。

3. 查询邮件群 LISTSERV 和邮件列表 Mailing List 的检索工具

虽然邮件群（LISTSERV）和邮件列表（Mailing list）的规模都不如 USENET 大，但它们日积月累的信息也非常可观，具有参考价值。专用的检索工具有 Liszt、L-Soft 等。

4. 查询 TeInet 的检索工具

Telnet 信息资源指借助远程登录（Remote Login），在网络通信协议 Telnet（Telecommunication Network Protocol）的支持下，登录远程计算机，可以访问、共享远程系统中对外开放的资源。Telnet 系统虽然已呈逐步被 WWW 系统所取代的趋势，但作为网络信息资源中一个历史悠久的部分，仍具有了解和使用的意义，特别是许多公共性质的信息检索系统，如图书馆系统、BBS 等。Telnet 的主要检索工具是 Hytelnet。

5. 查询 Gopher 的检索工具

Gopher 是一种简单的网络服务，提供丰富的信息，允许用户以一种简单的方式快速找到并访问所需的网络资源。查询 Gopher 资源可用 Jughead、Veronica。

6. 查询 WAIS 的检索工具

WAIS 是一个分布式信息检索系统，可检索 500 多个索引数据库，涉及的内容范围极大，适合检索文本文件，阅读世界各地的报纸，扫描各种专业数据库。查询 Internet 的 WAIS 资源可用 WAIS Search Directory 等。

（三）网络信息检索策略

信息检索策略，是为实现检索目标所制定的对检索全过程具有指导作用的整体计划、方案和安排，其中包括提问式分析、检索词及其关系的确定、检索步骤安排等。检索策略对整个检索过程会产生重要影响，并直接决定检索效率和检索质量。无论是普通用户，还是专业用户，掌握并运用网络信息检索策略，将花费最少的时间、精力、金钱，获取最有用的信息。网络信息检索策略的制定方法有如下几种：

1. 确定检索目标

网络信息的查询应该具有明确的查询目的和对象，目的不同、查询对象不同，往往需要选择不同的检索工具和检索方法。只有更多地分析并了解检索对象，明确检索目标，才能更好地确定所需信息的类型、学科范围、内容特征、查询方式、查询范围、查询时间及采用何种限制条件、使用何种检索提问式等。

2. 选择检索途径

通过对检索对象的分析，具有了非常明确的检索目标，就可以选择以下的种或综合使用几种检索途径来获取所需信息：

（1）直接访问相关站点：在平时上网的过程中注意收集一些专业性网站的网址，在需要时，直接进入网站查询；

（2）使用网络资源指南（Resource Guide）：网络资源指南是基于专业人员对网络信息资源的产生、传递与利用机制的了解，对网络信息资源分布状况的熟悉，以及对各种网络信息资源的采集、组织、评价、过滤、控制和检索等手段的全面把握而开发出的可供浏览和检索的网络资源主题指南。综合性的主题分类树体系的网络资源指南，如 Yahoo 等，是广为人知的，还有 The WWW Virtual Library、The Argus Clearinghouse 等都具有广泛影响，并受到普遍欢迎。而专业性的网络资源指南就更多了，几乎每一个学科专业、重要课题、研究领域的网络资源指南都可在 Internet 上找到；

（3）使用搜索引擎：搜索引擎是较为常规、普遍的网络信息检索方法。它为用户提供了关键词、词组或自然语言检索，根据用户提出的检索要求，代替用户在数据库中进行检索，并将检索结果提供给用户。利用搜索引擎检索的优点是省时省力、简单方便、检索速度快、范围广能及时获取新增信息。其缺点在于搜索引擎采用计算机软件自动进行信息加工处理，且检索的智能性不是很高，造成检索的准确性不理想；

（4）使用非万维网检索工具：对同一查询目标，尽量选择多种检索工具，从不同的角度去检索。如用北大的"天网搜索"直接进行"FTP 文件搜索（5）使用光盘数据库检索和国际连机检索：对于光盘数据库国内的有《中国学术期刊（光盘版）》《万方数据库》《人大复印资料系列光盘数据库》等，可供查找较专业性的资料；国际连机检索 DLOG 系统，无论从数据量还是使用频率来看均居世界各检索系统的首位，其检索软件成熟、学科范围广、数据质量可靠且权威性高。对专业信息的查询，通过使用光盘数据库和国际连机检索可以获得较为准确而且全面的信息。

3. 运用检索技巧

无论是使用搜索引擎还是非万维网检索工具进行信息检索，运用一定的检索技巧是非常必要的。

（1）选择合适的检索词有利于提高检索的精确度、准确性，如选专指词、特定概念或非常用词等；

（2）构造恰当的检索提问式，如使用布尔逻辑运算中的"AND、OR、NOT"，或使用双引号将需要检索的词组或短语标出；

（3）使用加权检索限制必须出现的检索词和必须不出现的检索词，利用同义词、近义词进行扩检，就同一检索提问式访问多个数据库；

（4）全文检索使用 Pemex；概念查询使用 Excite；细节查询或强调获取较为具体、特定的信息时，使用 Alta vista 等索引性较强的检索工具；

（5）中文信息检索使用中文搜索引擎。如天网搜索，侧重于学术信息；中经网导航是较系统全面的经济、法规搜索引擎；中国网友 Chinapartner 提供中文、经济、娱乐方面的导航等。这些都是较实用的中文信息检索工具；

（6）尽量使查询条件具体化，根据需要选择网页搜索、网站搜索等；

（7）寻求网上帮助。使用 BBS 电子公告牌、E-mail、QQ，或者访问专门回答问题的网站；

（8）关闭 Internet Explore 高级属性中的多媒体选项，采用纯文本传输以提高网络传输速度等。

第三节 信息化教学资源库建设原则与保证

一、信息化教学资源库概述

教学资源库概念的提出至今有十多年了。1998年，教育部制定了《面向21世纪教育振兴行动计划》，提出要重点建设全国远程教学资源库和若干个教育软件开发生产基地，自此揭开了我国教学资源库建设的序幕。2000年我国校园网建设掀起热潮，资源库建设被正式纳入议事日程。随着我国远程教育的迅速发展，许多企业意识到了资源库建设所带来的巨大的市场潜力，纷纷参与到资源库建设中来。然而最初的教学资源库只是将多媒体课件中包含的内容进行简单的资源组合，由于未按严格的标准对资源库中的资源进行筛选和控制，使得资源库中的资源质量低，未能达到预期的使用效果。自2000年5月教育部现代远程教育资源建设委员会颁布《现代远程教育资源建设技术规范》后，建设者才开始按照国家标准进行标准化教学资源库建设。近几年，一些开发者又提出将计算机智能、数据挖掘等信息技术手段融入资源库的开发中，创建出具有知识管理功能的教学资源库。

目前，教学资源库开发的重点从最初的内容开发转移到了资源平台开发以资源管理平台和资源应用平台两方面内容为主。在技术标准上也开始逐步与国家资源建设标准接轨，采用与国家资源技术标准统一的数据结构，同时也使用一些先进的开发技术，增强了新产品的兼容性和先进性。

信息化教学资源库的建设有四个层次的含义：第一层是素材类教学资源建设，主要包括媒体素材、试题、试卷、文献资料、课件与网络课件、案例、常见问题解答和资源目录索引等；第二层是网络课程建设；第三层是资源建设的评价；第四层是教育资源管理系统的开发。在这四个层次中，网络课程和素材类教学资源建设是基础和核心。

纵观教学资源库的发展历程，我们可以看出，教学资源库的发展具有以下特点：

（一）资源库建库理念向以服务为中心转变

教学资源库建设的最终目的是服务于教学。树立以"服务"为中心的开发理念，将是未来教学资源库的一大特征。当前网络教育中，由于存在的种种弊端，人们对"服务"意识的呼声越来越高。资源库开发作为开展网络教育的基础，应不断加强这种意识。

（二）资源库建设越来越趋于智能化

分散零乱的资源给人们带来的是诸多的不便，这些不便不仅表现为使用者的不便，同样表现为管理者的不便。目前人们对资源库的依赖程度还不太高，但随着人们对资源库认识的不断深化以及依赖程度的不断增强，势必对资源库的开发提出更高的要求。只有把一些智能化的技术融入资源库开发中,才能满足用户不断增长的需求。智能化的教学资源库将为人们提供更加高效、方便、个性化的服务。

(三)资源库建设更加系统化、标准化和规范化

现有的教学资源库建设规范与标准的推广、试用将极大地促进资源库开发的系统化、规范化和科学化。按照相同的标准开发建设的资源库系统,由于遵照相同的定义和准则,所以能够方便地实现数据资源的交换与共享,有效地解决资源库的扩展问题。

(四)资源库建设趋于协作式开发

与用户需求脱节是现有资源库存在的一个普遍问题。为使所开发的教学资源库得到更广泛用户的接受,与用户协同开发无疑是一种非常有效的解决方式。通过网上交流平台,开发者可以适时了解用户的需求,同时用户特别是具有丰富教学经验的教师也可以通过资源发布平台方便地将自己的资源发布到网上,这对教学资源库的内容将是很好的扩充。

(五)资源库建设更加普及化、特色化

信息时代,我国高职机电类专业的教学方式和学习方式发生了很大的变化,特别是数字化教学资源已得到了越来越多的应用。开发更多的教学资源库将是未来教学和学习所必需的。因此,教学资源库开发的普及化将是形势所趋。与此同时,应将信息技术教育融入资源库的应用中,以提高用户的信息技术能力,使教师能顺利使用各种技术工具对一些有用、好用的教学素材进行创造性、个性化和智能化的组合,设计出大量富于创意的多媒体教学资源。

二、信息化教学资源库建设的意义

高职机电类专业信息化教学资源库建设是一项功在当代、利在千秋的好事。正确认识高职机电类专业信息化教学资源库建设的意义将有助于高职机电类专业信息化教学资源库的开发建设。高职机电类专业信息化教学资源库建设的意义体现在以下几个方面:

(一)信息化教学资源库建设是教育信息化的重要组成部分

教育信息化是指在教育过程中,较全面地应用以计算机多媒体和网络通信为基础的现代化信息技术,促进教育的全面改革,使之适应正在到来的信息化社会对教育发展的新要求。教育信息化建设是一个关系到整个教育改革和教育现代化的系统工程,它包括信息化的基础设施及硬件环境建设,教育、教学资源库建设,信息化人才培养和培训以及信息化政策、法规和标准制定。其中,教学资源库建设是教育信息化的基础,教学资源库的建设质量在很大程度上决定了信息技术与各学科教学相整合的水平,即教育信息化的水平。

（二）信息化教学资源库建设促进了教育观念的更新

高职机电类专业信息化教学资源库建设能为学生提供网状的信息环境和丰富生动的多媒体世界，打破了学生传统思维的线性逻辑，促进了非线性思维观的形成。高职机电类专业信息化教学资源的网络化提供了多样化学习和跨学科、跨文化的交流，促进了开放式学习观的形成。丰富的教学资源使学生接受知识的范围大大拓宽，改变了人们接受教育的形式，促进了自我教育观的形成。信息化教学资源网络可以成为人们终身学习的课堂，使传统教育面临严峻的挑战，促进了终身教育观。

（三）信息化教学资源库建设促进了教学模式的重塑

教学模式是指在一定的教育思想和理论的指导下，在某种环境中展开的教学活动进程的稳定结构形式。高职机电类专业信息化教学资源库的发展使适用于网络环境的教学模式不断应用于教与学，如网络化协作学习模式、探索式学习模式等；而且应用信息化教学资源重新设计教学过程，为真正实现"教为主导，学为主体"的教学过程创造了客观条件。

三、信息化教学资源库建设的原则

高职机电类专业教学资源库建设必须符合基础教育改革与发展的总体规划，必须服务于素质教育的整体目标，必须全面支持信息技术与课程整合。为实现这样的目标，教学资源库的建设必须至少要对资源库建设的目的性、科学性、先进性和知识服务的完备性等进行深入考虑。

（一）教学性原则

教学资源库的建设是为教师的教与学习者的学服务，因此资源库建设首先应考虑的就是其目的性问题，即资源库建设的教学性问题。

教学资源库建设的根本目标是推进教育改革，使教育符合现代社会发展的需求，提高教育教学质量。为此，在高职机电类专业建设资源库时，要根据教学设计对各种资源进行选择、处理，强调"质"，使资源有用、适用，还要"瘦身"。同时，必须支持创造性教学和探究性学习，建构生动科学、多向互动的教与学环境，把教师从繁重的重复性劳动中解放出来，把学生从灌输式教育和题海中拯救出来充分激发教师和学生两个主体的创造性。

（二）科学性原则

高职机电类专业资源库建设必须具有科学性。无论是引导学生学习自然科学还是引导其学习人文科学，或者引导其掌握如何学习的科学性，培养其自主探究和创新的能力，都离不开"科学"两个字。教学资源库的建设，要在允许误差的范围内准确地表述知识的内容，这是教学资源与一般娱乐性、游戏性资源的重要区别。

资源库建设应能正确反映科学知识原理和现代科学技术，并"要做到生动活泼、喜闻乐见的形式与科学、健康内容的统一"，克服以往不少教学中仅有的"一张嘴、一支笔"，不能搞"书本搬家"，必须摒弃缺乏科学性的那些资源。

（三）先进性原则

首先是教育理念上的先进性。因为除了知识的科学性之外，教学逻辑模型是否符合教学规律、是否符合学生的认识规律，也有科学性的问题。当前的某些资源库还在重复以往教学中存在的落后理念，例如不能体现"教师为主导、学生为主体的双主模式"，不能培养学生自己通过观察来获得信息和通过自己思考来加工信息、建立概念和发现规律的能力。

此外，优秀的资源库可以发挥计算机的信息处理与图像输出功能，以生动的动态形象信息来揭示复杂的过程，这就在感觉与思维之间架起了桥梁，激发学生的学习兴趣，提高学习的主动性、积极性。用科学动态模拟技术和智能化技术，才能使资源库保证满足科学性和教育理念的先进性，也才能保证资源库的标准化。

（四）开放性原则

高职机电类专业资源库建设目的在于服务于教师的教和学习者的学，因此要确保资源库在任何时候、任何地方，任何师生都可以将自己的电子作品纳入其中。

（五）知识服务完备性原则

高职机电类专业资源库建设要提供全面的知识服务。优秀的资源库不但要向教师提供离散的信息，提供一般的"信息服务"，而且还要向教师和学生提供更高层次的"信息服务"，也就是"知识服务"。高职机电类专业的资源库不仅仅能给教师提供"收集"到的信息，或者将收集到的信息进行简单的"组合"，而且应该是根据学科教育目标，按照教学设计、教育改革需求对信息进行"整合"。

（六）经济性原则

高职机电类专业教学资源库的建设是一项非常耗时耗力的工作，需要投入大量的人力、物力和财力。它既有前期的整理、开发等工作，还有后期的维护、更新和管理等工作。教学资源库在开发时就要经过精心的需求调查、设计，优化开发设计人员结构、资源组织管理结构等，尽量以最少的投入开发出高质量、高性能的教学资源。

除了这六个要点，高职机电类专业资源库建设标准还有实用性、系统完备性等要求。不管怎样，资源库的建设都不可能"一蹴而就"或者"一劳永逸"。我们提倡在资源库建设中坚持"技术标准开放、研发机制开放"的原则，防止"夜郎自大"和"闭门造车"。

四、信息化教学资源库建设的保证

教学资源库建设是一项复杂细致的工作，要想开发出科学合理的教学资源库，使其能够满足教育教学的需求，就需要做大量的工作。

（一）成立专门的管理班子

信息化教学资源库的建设和管理必须有专门的管理班子。在高职机电类专业教学资源库的建设过程中，存在着许多问题，如各个部门的联系、各种资料的搜集、界面的设计、程序的设计、资源的整体把关、资料的电化转换等，这些问题的解决都需要一个集分工、合作、开发、管理于一体的组织。科学合理地组建领导管理班子，是教学资源库顺利开发的关键。

（二）选择良好的资源开发模式

高职机电类专业教学资源库为教学服务提供一个良好的访问平台。资源的组织有多种形式可以客户浏览器模式开发，也可以客户服务器模式开发。客户浏览器模式只需要用户知道资源服务器的地址，就可以如正常上网一样浏览共享资源；而客户服务器模式需要分别编写客户端和服务器端，同时还要求客户会安装客户端程序，给用户的使用带来不便。本着一切为客户着想的理念，我们建议开发者尽量以客户浏览器方式进行开发，为用户提供更大的方便。如按专题建立网站，以 Web 教材的形式对专题研究方法进行指导，这种网站既可作为课堂教学的补助，又可延伸到课外，让学生自主学习（课本相关素材资料、课外阅读）。

（三）以校园网为依托，建立一个高效的功能完备的资源系统

如今各个高职院校已基本拥有了自己的校园网。校园网对教学的最大好处就是快捷、方便、迅速。充分发挥校园网的功能和优势，是高职机电类专业教学资源库建设应考虑的基本点之一。我们倡议建立一个高效的功能完备的资源系统，特别是建立起一个以校园网网站搜索为主的参考资料收集、查询系统，提高信息的收集加工能力，有效地整合因特网资源，形成快速高效的专题资料库。

（四）组建一个优秀的开发小组

高职机电类专业教学资源库系统的开发不能由一个人来承担，需要组建一个合理且优秀的开发小组。这个开发小组应包含一线的各学科教学骨干、程序开发人员、美术设计人员等多方面的人才，共同研究、共同探讨。例如要求机电类专业的老师按照科目将自己开发的课件存储于网络服务器中的相对应分类位置，一定时间后再组织专家进行筛选、评定或整合、储存优秀课件。

（五）加强教师培训，提高教师信息素养

提高教师信息意识和提升教师信息素养是信息化教学的关键，同时也是教学资源库开发、应用的根本。因此，要完善教师培养体系、提升教师信息技术水平、提高教师信息素养，要帮助和要求教师认识到网络信息资源的特点、组织方式和以网络实现教学资源共享的途径和方法等，让他们踊跃地参与到这一进程中来。

五、信息化教学资源库建设中应注意的几个问题

为了确保信息化教学资源库的顺利建成并保障其应用，我们特别强调，在资源建设的过程中应注意以下问题：

（一）明确指导思想

正如前面所述，高职机电类专业信息化教学资源库是本着为教学服务的思想开发建设的，而教学中对教学资源的使用效果主要体现在机电类专业学生身上，这就要求我们在教学资源库建设时以认知学习理论为指导，特别是建构主义理论。建构主义理论认为，学习是在教师的指导下，在特定的情境中通过学习者与教师、其他学习者之间的主动协作交流进行知识意义的构建过程。它既强调了学生的学习主体作用，又重视了教师的指导主体作用。以建构主义理论为指导思想，既可以在教学中体现师生的双主体双边活动，有利于学习者学习效果的提高，同时又有利于学习者课后进行自学或协作式学习。

（二）倡导"利用现有、校本研发、企业合作、个人参与"的开发理念

教学资源库的建设是一个动态的不断完善的过程，不可能一蹴而就。因此，高职机电类专业在进行教学资源库建设时注重四个方面：一是积极利用已有的教学资源。随着教育技术的发展，目前已有大批丰富的音频、视频、图像等教学资源，我们要充分利用这些已有的资源，来开发新的教学资源；二是联合企业进行研发。随着知识经济时代的来临，许多高科技企业已经加入信息化资源库的开发和建设之中。他们拥有雄厚的资金，同时还拥有大量的高水平科技人才，借助他们的优势，可以开发出高质量、高水平的信息化教学资源，满足日益增长的信息社会的学习需求；三是积极进行校本资源研发。对于校本资源的开发，可以通过组织专门的开发团队进行研发也可以采取申报国家、省市教育部门资助的课题来进行有组织有系统地开发，充分发挥各自的领域优势，进行科学、合理的开发和建设；四是鼓励教师按知识点开发。信息化教育的一个显著特点，就是最大限度地调动每一位学习者的潜能。由于学习者认知能力的差别，再好的课件也难以满足每一位学习者的需求，因此高职机电类专业应鼓励广大教师利用信息化工具，按学习者的知识点开发教学资源，以使得每一位学习者都成为学习的成功者。

（三）使用一些通用的标准对教学资源进行规范管理

教学资源库的建设应在合理的规划下进行，并遵循一定的建设规范。高职机电类专业在建设本校教学资源库时，可以遵照国家制定的教学资源库规范进行开发建设，也可以在此基础上制定符合本校的教学资源库规范，突显自己本校的特色、突显资源的易用性、彰显资源的合理性。

（四）突显教学特性

信息化教学资源库的建设是为教学服务的，因此要突显教学性。一是注重人的主体性。要想将教学资源合理应用于课堂，就要充分体现面向 21 世纪尊重人、以人为主体的教育思想，就要充分发挥师生的主体作用、主人翁意识，切实将教学设计和学习理论运用于教学实际，真正做到以不变（教学资源）应万变（教学实际），让计算机成为课堂教学的有力工具，成为教师和学生个性与创造性充分发挥的技术保障；二是注重资源的通用性和灵活性。教学资源与教材版本无关，它是以知识点为分类线索的，这样无论教材课程体系如何变化、教材版本如何变化，教学资源都可被师生应用于当前教学活动中；三是注重资源的基元性与可积性。教学资源素材越基本，其附加的边界约束条件越少，其重组的可能性就越大；四是注重资源的开放性和自繁殖性。教学资源是以基元方式入库供教师重组使用的，因而在任何时候、任何地方，任何教师（学生）都可以将最新的信息和自己的作品添加入库，只要确立了教学资源的信息标准和入库规范，教学资源在教学活动中就自然具有开放性和自繁殖性。随着计算机技术的发展和全体师生的参与，教学资源的迅速发展将不可思议，就像今天 Internet 上的信息爆炸一样；五是注重资源的实用性和易用性。教学素材和解决重点、难点问题的微课件库与教学思想基本无关，每个教师都可以使用。一般教师只需掌握简单的组合平台软件，就能够将教学资源以插件的形式很方便地插入到课件当中。未来的组合平台软件会让教师在使用积件时像搭积木那样方便。

（五）知识产权的保护

知识产权，指权利人对其所创作的智力劳动成果所享有的占有、使用、处分和收益的权利。各种智力创造如发明、文学和艺术作品，以及在商业中使用的标志、名称、图像以及外观设计，都可被认为是某一个人或组织所拥有的知识产权。在高职机电类专业教学资源库建设中所涉及的各种图像、声音、视频等资源都应有相应的版权保护。开发者要提高自己的知识产权保护意识，注重在资源的开发和使用过程中，保护自己的正当权益，保证所开发的资源得到合理正当的使用。

第四节 信息化教学资源库建设标准

一、国外主要的信息化教学资源标准

（一）LOM 模型

LOM（Learning Object Metadata，学习对象元数据模型）由 IEEELTSC（Learning

Technology Standards Committee 于 1998 年 3 月发布，2002 年 6 月成为 IEEE 标准。它是当前最重要的网络教育资源数据模型，具有很强的通用性和参考价值。

它主要针对对象的九个类别的描述信息进行规范：

（1）通用信息（General）：对所有学习对象通用属性的描述信息，如标识、标题、关键字等；

（2）生存期信息（Lifecycle）：描述学习对象的历史与现状，以及对它的改变起到作用的个人或组织的信息，如版本号、状态、日期、创建信息等；

（3）元 - 元数据（Meta-Metadata）：关于元数据记录本身的一些信息；

（4）技术信息（Technical）：有关学习对象的技术要求和特征的信息，如格式、大小、位置等；

（5）教育信息（Educational）：有关学习对象的教育或教学方面特性的信息，如交互类型、交互程度、语义密度、难度、学习时间等；

（6）权利信息（Rights）：有关学习对象知识产权和使用条件方面的信息；

（7)关系信息(Relation)：描述一个学习对象与其他学习对象关联的信息,如相关类型、关联资源等；

（8）注释信息（Annotation）：描述学习对象在教育应用方面的有关评论的信息，如评论人、评论时间等；

（9）分类信息（Classification）：描述学习对象在特定的分类系统中所处位置的信息。

（二）Dublin core 模型

Dublin core 是一个致力于规范 Internet 资源体系结构的国际性联合组织。它定义了一个所有资源都应遵循的通用的核心标准，标准内容较少，也较通用，因此得到了其他相关标准的广泛支持。其他关于学习资源的数据标准，基本上都兼容于 Dublin core 标准，并对它进行了扩展。Dublin core 规定了基于 Web 资源的 15 个方面的信息：

（1）标题（Title）：资源的名称；

（2）创建者（Creator）：资源的创建者；

（3）主题（Subject）：资源的主题内容；

（4）描述（Description）：资源的内容、介绍信息；

（5）出版者（Publisher）：正式发布资源的实体；

（6）贡献者（Contributor）：资源生存期中做出贡献的实体；

（7）日期（Date）：资源生存周期中的一些重大日期；

（8）类型（Type）：资源所属的类别；

（9）格式：（Format）：资源的物理或数字表现；

（10）标识符（Identifier）：关于资源的唯一标识；

（11）源信息（Source）：资源的来源；

（12）语言（Language）：资源的语言类型；

（13）关联（Relation）：与其他资源的索引关系；

（14）覆盖范围（Coverage）：资源应用的范围；

（15）权限（Rights）：使用资源的权限信息。

二、国家网络教育资源建设规范介绍

2002年教育部现代远程教育标准化委员会（现改为全国信息技术标准化委员会教育技术分委员会）制定了《教育资源建设技术规范》（CELTS-41）和《基础教育教学资源元数据应用规范》（CELTS-42）。他们都在《学习对象元数据规范》（CELTS-3）的基础上，分别作为高等教育和基础教育两类例化的学习对象元数据规范，针对具体的教育资源建设，提出非常具体的资源属性标准，具有很强的实践指导意义。《教育资源建设技术规范》是为了配合现代远程教育资源建设工程而制定的资源开发指导规范，其主要目的是统一各学校开发网络教育资源的行为，使得各学校的资源能够在大范围内得以共享，其主要核心是按照资源类型的不同，制定了一系列相关的资源属性标注标准，主要侧重点在于统一资源开发者的开发行为、开发资源的制作要求、管理系统的功能要求，而不是规定软件系统的数据结构；《教育资源建设技术规范》主要从四个角度进行规定：一是从资源的技术开发的角度，提出一些最低的技术要求；二是从使用用户的角度，为方便地使用这些素材，需要对素材标注那些属性，并从可操作性的角度，规范了属性的数据类型及编写类型，这一部分主要参考了IEEE的LOM模型，从制作素材简便性、使用素材方便性的角度上选取了一些最为普通的元素，选取的属性基本上是LOM模型的一个小子集；三是从资源评审者的角度，提出教学资源的评价标准，作为用户筛选资源的直接依据；四是从管理者的角度，提出了管理这些素材的管理系统以及远程教育工程的教学支持平台所应具备的一些基本功能。《基础教育教学资源元数据应用规范》结合我国基础教育的实际，定义了一组面向基础教育的教学资源元数据元素。

（一）教育资源建设技术规范

1. 教育资源建设技术规范对教育资源的分类

《教育资源建设技术规范》所面向的资源主要包括以下几类：

（1）媒体素材：媒体素材是指传播教学信息的基本材料单元，可分为文本类素材、图形/图像类素材、音频类素材、视频类素材、动画类素材五大类；

（2）题库（Item Bank）：题库是按照一定的教育测量理论，在计算机系统中实现的某个学科题目的集合，是在数学模型基础上建立起来的教育测量工具；

（3）案例（Case）：案例是指有现实指导意义和教学意义代表性的事件或现象；

（4）课件与网络课件：课件与网络课件是对一个或几个知识点实施相对完整的教学

补助教学软件，根据运行平台划分，可分为网络版和单机运行的课件。网络版的课件需要能在标准浏览器中运行，并且能通过网络教学环境被大家共享；单机运行的课件可通过网络下载运行；

（5）网络课程：网络课程是通过网络表现的某门学科的教学内容及实施的教学活动的总和，它包括两个组成部分一按一定的教学目标、教学策略组织起来的教学内容和网络教学支撑环境；

（6）文献资料：文献资料是指有关教育方面的政策、法规、条例、规章制度，对重大事件的记录、重要文章、书籍等；

（7）常见问题解答：常见问题解答是指针对某一具体领域最常出现的问题给出全面的解答；

（8）资源目录索引：资源目标索引列出某一领域中相关的网络资源地址链接和非网络资源的索引。

2. 教育资源建设技术规范的基本结构

《教育资源建设技术规范》共包括三大部分，分别为严格遵守的必需数据元素、作为参考的并对每类资源都适用的通用可选数据元素和针对资源特色属性的扩展数据元素。

必需数据元素是学习对象元数据规范 LOM 的核心集，这类数据元素与学习对象元数据规范（LOM）中的必需数据元素一致。它是任何类型的资源都必须具备的属性标注，开发者应严格遵循；可选数据元素（通用可选集）是从学习对象元数据规范（LOM）的可选数据元素中抽取出的与教育资源密切相关、并对各类教育资源都适用的属性集合，它可以根据用户需求和开发者自身的工作过程作为参考属性有选择地使用，如果本规范没有推荐的属性取值，就要求与学习对象元数据规范（LOM）的取值相一致；扩展数据元素（分类扩展集）根据九类资源（媒体素材、试题、试卷、课件、文献资料、案例、常见问题解答、资源目录索引和网络课程）各自的特点，从 LOM 模型的可选集中选取与某类资源密切相关的属性，并补充了一些基本的、必要的特殊资源分类属性。

（二）基础教育教学资源元数据应用规范

2000 年，教育部提出：在中小学全面普及信息技术教育，大力推进中小学信息技术建设，以信息化推动教育现代化，实现基础教育跨越式发展。为促进基础教育信息化建设，实现基础教育资源建设的可持续发展，进一步规范和指导中小学教育教学资源的开发，在教育部基础教育司和科学技术司的指导下，教育部基础教育课程教材发展中心组织编写了《基础教育教学资源元数据规范》以下简称《规范》）。《规范》是《教育部现代远程教育工程资源建设基础教育项目》的重要工作内容之一，也是我国教育信息化技术标准的重要组成部分。同时，《规范》也是首个专门针对我国基础教育教学资源建设而制定的带有"标准化"意义的文件。

《规范》在 CELTS-3（学习对象元数据规范）的基础上，结合我国基础教育的实际，定义了一组面向基础教育的教学资源元数据元素。《规范》参考教育部颁布的《义务教育课程设置实验方案》与《义务教育各学科课程标准（实验稿）》《都柏林核心元数据（DCMES）》《学习对象元数据标准草稿（LOM）》《中国图书馆图书分类法》、美国 GEM 项目及澳大利亚 Edna 项目的词汇分类方法，定义了一组用于元数据元素编目的受控词汇及相应的词汇表。

《规范》通过《学习对象元数据标准草稿》的元素映射表的元素间映射来实现与 CELTS 的基本一致性。本规范包括概述、规范性引用文件、术语定义与缩略语、元数据元素属性定义、元数据结构、限定词汇及编目词汇表、一致性和参考文献。

1. 元数据元素属性定义

CELTS-42 的元素定义方法采用 ISO1119 标准的元数据元素描述方法。这一正式的描述标准不仅改善了 CELTS-42 核心元数据与其他元数据描述的一致性，同时也对改善其元素定义的明晰性、范围以及内部的一致性有很大作用。ISO11179 标准规定用 10 个属性描述元素，包括：

（1）名称（Name）：分配给数据元素的标签；

（2）标识符（Identifier）：分配给数据元素的唯一标识；

（3）版本（Version）：数据元素的版本；

（4）登记授权（Registration Authority）：数据元素授权登记的实体；

（5）语种（Language）：数据元素指定的语言；

（6）定义（Definition）：能清楚地表现数据元素内容和基本本质的描述；

（7）约束性（Obligation）：数据元素需特别表示的指标；

（8）数据类型（Date Type）：能表达数据值的数据元素的类型指标；

（9）最大值（Maximum occurrence）：对数据元素可重复的限定指标；

（10）注解（Comment）：关于数据元素应用的注解。

2. 元数据的基本结构

《规范》规定的描述基础教育资源的数据元素集包括 23 个元素，其中必须元素 11 个，可选元素 12 个。本规范的必须数据元素与 CELTS-3 的全部必须元素（不含子 9 元素）对应。《规范》的可选数据元素包含了 CELTS-3 的 11 个可选元素。《规范》允许用户根据各自需要扩充元数据元素，但必须符合《规范》元素定义格式和技术规范。

《规范》的核心元数据元素依据其描述的内容和类别分为四类：

（1）资源内容描述类，包括标题、学科、关键词、描述、来源、语种、关系、覆盖范围、适用对象、目录项 10 个数据元素；

（2）知识产权信息类，包括作者、出版者、其他作者、权限管理、版本 5 个核心元素；

（3）外部属性描述类，包括日期、类型、格式、标识、评价、评价者、元元数据方案、目的 8 个核心元素；

（4）必需元素，包括标题、学科、关键词、描述、标识、格式、日期、语种、类型、作者、适用对象11个核心元素。

此外，《规范》定义了23个核心元数据结构和一些限定词汇及编目词汇表，在参考文献中还提供了供参考的部分教育学科课程分类第三级词汇表（课程内容）。

第五章 "互联网+"背景下高职机电类专业信息化教学过程与策略

第一节 信息化教学过程概述

信息化教学过程和传统教学过程相比较，其教学环境、目标、内容、方法以及师生关系等都发生了深刻变化。作为与传统教学相对而言的一种发展形态，信息化教学的重要特征表现在技术对学习过程的有效支持，以及各种现代教学理念在技术应用过程中的融合与发展。

一、信息化教学的基本理念

信息化教学是与传统教学相对而言的一种教学形态，其特征就是现代信息技术对学习过程的支持和现代教育理念在教学过程中的应用。教育理念的转变从深层次改变了传统的教学方式，而信息技术则从外部提供了强有力的支持手段。信息化教学的基本理念主要表现为4个方面：

（一）强调以学习者为中心

在传统教学过程中，教师是课堂的中心，是知识的占有者和传授者，学生围绕教师和教材展开活动。在信息化教学过程中，学生是学习的中心，传统的教师讲授式教学将不断让位于师生互教互学，形成一个真正的"学习共同体"。学生利用丰富的信息资源，按照自己的能力、风格、爱好选择适合自己的学习内容，采取灵活多样的学习方式，提高学习的能力，从而实现学习效果的最优化。教师作为学生学习过程的促进者，主要作用在于指导、监控和评价学生的学习进程。

（二）重视知识意义的自我建构

在传统教学过程中，学习者往往被看作知识灌输的对象，所谓教学就是教师将自己拥有的知识传授给学生，学生的独立性、主动性被忽视了，学生是被教会，而不是学会，更不是会学。在信息化教学过程中，学生在情境、协作与会话等学习环境中，在教师的指助下，主动地、富有个性地学习，对当前所学的知识进行意义建构并用其所学解决实际问题。

（三）关注信息技术与课程的整合

早期的信息技术仅仅作为学习的对象，后来发展到作为学习工具，目前更加注重信息技术与课程的整合。当前，学校中的课程和教学并没有因为使用技术而发生根本性的变革，信息技术的教育潜能也未能得到充分发挥，信息技术也还未能有效地融入课程与教学之中，技术与教学还存在"两张皮"的脱离现象。信息化学习过程强调课程与技术的整合，注重把信息技术整合于学习过程中。这种整合不是单纯地在学习中应用信息工具，而是在课程建设和教学过程中有机地整合各种教学理念教学方法信息资源和技术工具，把信息技术与课程/知识融为一体，推动教学过程和教学效果的最优化发展。

（四）注重对学习的过程性评价

在传统的学习过程中，特别是在课堂教学中，对学生的评价大多数情况取决于作业、单元测试、期中考试或期末考试。这些评价方式注重总结性评价，属于静态的评价方式。在信息化学习过程中，人们更加强调过程性评价，即在学习过程中对学生进行监督、评价，并提供实时反馈，让学生在学习过程中不断调整自己的学习，提高学生的元认知策略，达到一种不断上升的学习效果，这是一种动态的、发展的教学评价观。

二、信息技术对教学过程的支持

信息技术为教学过程的变革提供了有力支持。如开发基于真实问题的研究性课程，开发数字化、多媒化、分布式的学习资源；有效拓展学习空间，构建新一代网络课堂、虚拟社区、虚拟实验室等学习环境；提供师生之间、学习者之间的方便、快捷、高效的学习交流渠道，创建各种类型的学习共同体等。我国有学者认为，信息技术作为学习者与学习环境互动的中介工具，主要包括学习管理工具、信息资源媒体、信息处理工具和社群互动工具。

（一）学习管理工具

技术的一项重要功能是支持对学习活动的管理和监控。它可以支持对学习活动的规划设计，收集和保留关于学习者学习情况的信息，为学习者提供有效的测评、反馈和建议，并在必要时有针对性地进行干预和控制。在传统的学习环境中，学习监控的职能在很大程度上是由教师人工完成的，而且主要是外部监控。在新的学习环境中，基于计算机的各种工具可以为学习的监控提供有力的支持，包括学习管理系统、电子学档、计算机辅助测验、适应性学习系统等，新型的计算机化学习环境更多地强调通过提供关于学习状况的信息和学习建议来促进学习者对学习过程的自我计划、自我监视和自我调节。

（二）信息资源媒体

信息技术作为媒体可以承载和传输各种内容资源，提高了信息资源的丰富性、交互性、灵活性和开放性。内容资源的具体形式包括课件、教学资源库、教学素材库、电子教材、电子书刊、学生自建数据库、数字图书馆、数字博物馆、虚拟科技馆等。这些内容资源既包括结构化程度较高的课件，也包括各种开放的素材资源；既包括校本资源和本地性资源，也包括全球范围内的分布性资源；既包括专门为教育目的设计开发的资源，也包括各种各样的并非专门为教育目的而开发的但可以用于教育的信息资源。图书馆、博物馆、科技馆、美术馆及大众传媒等公共服务机构可以借助多媒体网络技术为教育提供丰富的、高质量的资源和更便捷的服务。

（三）信息处理工具

学习过程中包含非常复杂的信息加工活动，需要借助一定的信息处理工具，如计算工具、写作工具、绘画工具等。计算机等信息技术从诞生之初就是为了完成信息加工任务的，随着这种高级的信息加工工具的发展，它能够更有效地帮助学习者实现灵活开放的、随时随地的信息处理活动。因此，在信息时代，学习者可以充分利用计算机等信息技术更有效地加工信息，如各种用于处理文字、数据或多媒体信息的应用软件，多媒体与网页著作工具，模拟、建模与知识可视化工具，各种面向特定认知任务的认知工具（如概念图工具等），以及帮助学习者完成各种具体任务的智能教育代理等。

（四）社群互动工具

网络等信息技术越来越成为一种人类沟通交流的有力工具，而人际交往与互动则在教育过程中占有核心地位。计算机媒介沟通（Compuler-Medialed communication，CMC）工具可以有效地支持人际互动，扩展参与沟通的成员的范围，扩展理解与思想的广度，促进学生与同伴、教师、专家等人士跨越时空的沟通交流。CMC 既可以支持同步交互（如网上聊天室、视频会议等），让学生能够与身处远方的同学、教师和专家实时交流，也可以支持异步交互（如 E-mail、BBS 等）。而且，利用计算机支持的协同工作（CSCW）工具（如共享白板、MOO/MUD 等）还可以实现学生的网上远程协作学习以及教师之间的合作。

三、信息化教学过程的特征

信息化教学过程是在技术化环境中以学习者为中心展开的，这是其最基本的特征。在信息化教学过程中，学习者不再是等待知识灌输的对象和外部刺激的被动接受者，而是积极的信息加工的主体，意义的主动建构者；教学不再仅仅关注学生的智力发展，而是关注学生作为一个"完整的人"的发展，即更加注重学生智力和人格发展的协调。

教学过程中的技术是用来强化现行的课程教学，还是实现新型的信息化教学，这在很大程度上取决于教师。信息技术的应用不会自然而然地创造教育奇迹，它可以被用于促进教育革新，也可以被用于强化传统教育；技术的发展并不必然带来教学的革新，只有应用现代教育理念变革传统教学的弊端，才能真正实现信息化教育这一崭新的教育形态。

信息化教学过程和传统教学过程相比较，从学习目标、教学内容、教学方法、教师角色学生角色等方面都发生了深刻的变化，变化是多维度、多层次、多方位的。表 5-1 比较清晰地反映了信息化教学过程区别于传统教学过程的一些本质特征。

表 5-1　信息化教学过程与传统教学过程的比较

	传统教学过程	信息化教学过程
学习目标	低层次的理解	深层次的理解
教学内容	严格忠实于固定的教材	追踪学生的问题和兴趣
教学资源	材料主要来源于课本和手册	多样的、情境性的信息
学习控制	主要依赖教师的监控	注重学习者的自我监控
社会情境	缺乏有效的沟通、合作和支持	充分的沟通合作和支持
教学方法	教师向学生传递信息，学生是知识的接受者	教师与学生对话帮助学生建构知识
教师角色	指示者、专家和权威	发问者、引导者、帮助者，促进者、协商者、谈判者
学生角色	学生主要是独立学习	注重合作学习
教师评价	通过测验正确答案来评价学生强调结果；评价主要采取定量分析的方法	既通过测验也通过学生的作品、试验报告和观点来评价学生过程和结果一样重要。评价采用定量与定性分析相结合的方法
知识状态	知识是静态的	知识是动态的，注重学生的发现与体验

第二节　信息化教学的策略运用

　　教学策略主要包括组织策略、传递策略和管理策略等，它一般具有目标指向性、技术操作性和动态过程性等特点。教与学的过程通常都会面临各种复杂多变的现实情境，如何在动态变化的教学情境中随时做出相应的有效活动策略，这将直接影响着教与学的效果。

　　教学策略通常是指为达到教学目的而采用的手段和方法，它是一种能够适用于各种具体情境的操作性技能和规则性框架。策略介于抽象的目标和具体的行动之间，它不同于具体的方法而是根据教学目标需要对具体行动方法的考虑和规划，是在具体的教学情境之中表现出来的具有技巧性特征的行动方式。

　　学习策略描述的主要是学习者对学习过程进行的自我调节和控制，而教学策略则主要描述为了促进学生的学习，教师对教学活动所进行的设计、调节与控制。学习策略和教学策略并无本质的区别，各种学习的方法和技术，如果由学生自主调节和控制用来学习时，它们是学习的策略；如果以教师控制为主来组织和开展教学活动，用以促进学生对知识的学习时，则被称为教学策略。同样，各种教学策略如果由教师组织和控制转化为学生自主组织和控制时，它们也就转化成学生的学习策略了。

一、教学内容的组织策略

教学内容的组织策略可分为宏策略和微策略两个层次，它主要涉及对教学信息、教学内容和教学材料的设计与呈现等问题，是关于教学内容的序列结构和编排组织的策略。

（一）教学组织的宏策略——精细加工理论

教学的宏策略关注教学内容的选择、编排及知识间的组织结构等，它主要考虑如何将各类不同的知识（如事实、概念、原理、过程等）组织成一个有机的整体（如一节课或一门课程），以及如何在不同的知识点之间建立有机联系等。

瑞奇鲁斯（C.M. Reigeluth）提出的精细加工理论（The Elaboration Theory，ET）通常采用变焦镜头的隐喻进行类比。人们使用变焦镜头拍摄照片时，首先，注意画面的主体及其各部分间的关系，开始时往往并不注意细节；其次，可能聚焦到某一局部来仔细观察画面的细节部分；最后，将镜头拉回广角，观察该部分与其他部分以及与画面整体的关系。如此反复，拍摄者便可以逐渐认识镜头画面的整体结构、组成部分及局部与整体或局部与局部之间的相互关系。

基于"变焦镜头"的类比，精细加工理论主张教学应始于一种特殊的"概览（overview）"，它以教材中最简单、最基本的"观念（idea）"作为焦点，其后再就概览中的某一部分或某一方面添加细节或增加复杂程度，再重新回顾（review）概览以及呈现新观念与先前观念之间的关系，最后通过总结和综合对教学内容继续进行精细加工，直到实现全部的预期要求为止。精细加工理论提出了教学内容组织的7种策略成分，即从简单到复杂的序列（学科结构）、学习的先决条件序列（课时结构）、总结、综合、类比、认知策略激发器和学习者控制方式。

精细加工教学的一般模式通常是从呈现"摘要（epitomize）"课开始的。摘要课的组织程序通常包括：确定哪一种知识类型作为组织性内容，其余两种则作为支持性内容；列出学科知识的全部组织性内容；选择出其中最具代表性的最简单的基本观念，在具体的应用水平而不是抽象的记忆水平上提供呈现。摘要课的教学过程一般包括启动动机、提供类比、说明先决条件、呈现组织性观念、呈现支持性观念、课内总结与综合等。摘要课完成之后就可以按照学科内容的层级结构逐步开展课程教学，每次课的教学结构都与摘要课的模式基本类同，如此继续，直到完成预定的教学任务。

（二）教学组织的微策略——成分显示理论

微观组织策略通常被看作是对微观教学内容的编排问题，它主要关注如何针对概念或原理等个别知识点来组织教学。梅里尔（M. David merril）提出的成分显示理论（Component Display Theory，CDT）首先将学习结果按照"业绩内容"二维矩阵进行分类：业绩维度是指学生学业行为的表现水平，它通常划分为记忆、应用和发现 3 个层次；内容维度是指教学材料所涉及的具体项目类型，包括事实、概念、过程和原理 4 类。根据业绩层次和内容类型可以确定出相应的教学目标，再据此制订出与教学目标相匹配的具体要素，如目标条件、目标行为和目标标准等。

梅里尔认为，教学的呈现形式（即教学策略）可分为基本呈现形式（Primary Presentation Forms，PPF）和辅助呈现形式（Secondary Presentation Forms，SPF）两种类型。按照知识内容和呈现形式的不同，基本呈现形式主要包括"探究事例"、"探究通则"、"解释事例"、"解释通则" 4 类。辅助呈现形式是指在基本呈现形式之外提供的一些"精细加工"信息，如提供学习帮助、唤醒先决知识、替代表征（指以不同方式或在不同情境中重现信息）、记忆术、学习反馈等。通过适当的辅助呈现形式，能够使教学起到提高学业成绩和增强学生参与学习的效率等作用。

传递教学的呈现形式虽然只有讲解和探究两种方式，但呈现的内容要素却可以是一般性定义、过程、原理或具体事例等，因此，呈现形式与内容要素的匹配便能够产生出多种教学的组织和传递策略。成分显示理论的关键内容是开列教学处方，不同的教学处方是在对不同类型的学习内容所要求的学习结果（行为目标）进行分析的基础上得出的，教学呈现形式的选择也由此而来。

二、教学过程的行为策略

教学行为是教师为完成教学目标和教学任务在教学情境中表现出来的教学活动行为它通常包括引发动机、教学交流和学习指导等基本类型。教学行为是教学过程的有机组成部分，对它的选择和运用既要考虑教学目标、教学内容和学生特点，又要考虑各种教学行为自身的功能效果和表现形式。

（一）动机激发策略

学习动机作为推动学生学习的内部动因，一般涉及学习兴趣、需要、驱力和诱因等诸多方面。学习动机的激发是指通过外在刺激使学生潜在的学习需要转化为积极的学习行动。其关键在于利用一定的外部诱因，促使已经形成的学习动机由潜在状态转入活动状态，从而推动学生的学习行为。

激发学生的学习动机一般应掌握以下策略：

①提出明确而又适度的学习要求。合适的目标要求应该是"跳一跳，摘桃子"，也就是说，学习目标应该制订在教学的"最近发展区"之内；

②以激发内部动机为主，外部动机为辅。新颖的学习材料、有趣的问题情境及启发式教学等都有利于引发学习的内部动机；采用生动的学习材料或使用不同的信息呈现方式可以调动学生的学习兴趣，如利用录像、投影等媒体或采用游戏与模拟、计算机演示等方式都能激发起学习的内部动机；

③及时提供对学习结果的反馈。学生及时了解学习的结果，会对学习动机产生很强的激励作用；

④恰当运用竞赛、评价与奖励等措施。应注意使用的合理性，否则效果会适得其反。如频繁竞赛会造成学习的紧张气氛并加重学习负担；错误评价会挫伤儿童的自尊心和学习自信心等。

（二）信息呈示策略

信息呈示是指在教学过程中教师向学生呈现信息内容的行为。按照教学手段不同，教学过程的信息呈示可分为语言呈示、文字呈示、教具呈示、动作呈示和视听呈示等基本类型。语言呈示主要是指教师在教学中的讲述行为；文字呈示主要是指教师以板书呈示知识要点或结构等；动作呈示是指教师通过演示操作或特定的动作示范，为学生提供训练模仿的学习信息，从而使学生学会相应的动作技能或操作行为；教具呈示是指使用实物标本或模型等直接为学生提供感性经验；使用各种教具呈示信息时，应注意结合教师的讲解、分析或操作演示，并向学生说明模型与实物之间的差异性，以免给学生留下错误印象。对于外部结构不清或者内部结构无法表现的模型或实物教具，应该注意与其他手段配合使用，如借助挂图、投影等手段来说明事物的内部结构或关系等；视听呈示是指通过各种音像媒体技术来表现知识内容的教学行为，如使用投影媒体、电声媒体、电视媒体、多媒体计算机技术等向学生呈示教学信息。常用的视听呈示方式主要有：讲述以前呈现，用于引发兴趣或分析任务；教学难点呈示，用于帮助学生释疑解惑；讲解之后呈示，用于知识总结或综合归纳；使用交互式媒体如计算机等进行人机对话学习或个别学习指导等。

美国著名心理学家梅耶（Richard E. Mayer）通过研究发现，同时接受言语和视觉形式解释的学生（多表征组）在问题解决迁移测验中做出的创造性解决方案，比仅接受言语解释的学生（单表征组）平均高出75%，这被称为符号表征的多媒体效应（multimedia effect）；而当言语和视觉解释结合呈现时（结合组），学生对迁移问题的创造性解决方案比言语与视觉解释分开呈示时（分离组）高出50%，这被称为结合效应（contiguity effect）。教师应用多媒体技术呈现教学信息时，首先要了解各种媒体的功能特点和使用方法，然后根据教学内容和目标需要来选择恰当的媒体类型和组合方式，从而对教学过程中媒体技术的应用进行良好的设计。

（三）教学会话和指导策略

教学会话是指师生之间通过语言方式共同进行的学习交流活动，如课堂提问、作业答疑、组织讨论、通信交流等，其中，提问和讨论是教学过程中最常用的会话方式。提问能诱发学生参与教学过程，调动学生的学习动机，为学习提供注意线索、课堂练习与交流反馈的机会，并有助于促进学生学习结果的迁移；教学讨论则是在学生之间以及学生和教师之间进行的一种教学会话行为形式主要有学习小组讨论（针对具体知识内容）活动小组讨论（与特定任务或具体活动有关）和专题内容讨论（针对某一主题或是有争议的问题）等，它有助于促进师生之间的相互作用，能够使所有的学生都参与学习活动之中，同时，还有助于学生形成对某一问题较为一致的理解、评价或判断是一种有利于促进学生发现学习和知识建构的教学策略。

当以学生为主开展各类教学活动时，教师的作用主要体现在学习指导（或辅导）方面如帮助学生确定活动主题和目标、指导学生设计活动内容和实施方案、帮助学生选择确立活动方式和方法，并进行人员分工和组织。教师可以通过参与活动过程以讨论、问答、参观或观察等方式引入活动课题。在活动过程中遇到困难时，教师应启发学生独立思考、探究问题、寻求问题解决的途径。教师应对学生的活动给予适时的评价，通过组织交流共同提高对学习和探究活动的认识。

三、信息收集与评价策略

一个具备信息素养的学习者，必须具备信息的收集能力、评价能力和交流能力。如能够确定何时需要信息，并具有检索、评价和有效使用信息的能力；要学会查找那些与自己兴趣和需要相关的信息，同时要学会排除干扰信息；能对各种信息进行分类并判别其可信性、可利用性和相关性；要学会使用适当的信息形成自己的结论并与别人进行交流与沟通。在信息化教学过程中，教师要重视学生的信息应用策略的培养。学生必须掌握信息的收集、加工、整理、评价、交流的策略，学会控制和管理信息的能力，成为具备信息素养的学习者。

（一）信息收集策略

信息化时代的教学信息源越来越丰富，有效的信息使用者应该能够合理利用可获得的各种资源。人们不仅可以从书籍、网络、杂志、电视、广播、录像带、电子光盘等获取信息，还可以通过因特网获取更多的信息资源。由于因特网资源的极大丰富，学习者除了要具备传统的信息搜索技能以外，还需熟悉并能熟练应用网络信息获取的方法、策略和技能。

1. 网络信息搜索过程

有效的网络信息搜索过程一般包括 6 个步骤，即确定搜索主题、制订搜索计划、选择搜索工具、实施搜索过程、评价信息质量和存储搜索结果。

①确定搜索主题。为提高搜索效率，在正式搜索之前，应该分析自己所需信息的主题和关键字。主题是否清晰是选择搜索工具的依据，清晰的主题可以借助"关键词搜索引擎"获得相关信息，模糊的主题可以通过浏览主题树或主题目录得到所需资料；

②制订搜索计划。运用搜索计划是保证搜索系统化的一个非常有效的策略。搜索计划主要包括 2 个方面：一是搜索什么，这是对搜索主题的细化，围绕主题列出详细的搜索目标是到哪儿去搜索，针对每一个具体的搜索目标，分别列出可能的信息源；二是如何搜索，预设搜索过程，分析哪种搜索工具可能最恰当，哪种搜索方法可能最合适，搜索过程可能

包括些步骤；

③选择搜索工具。熟悉 Internet 上常用的搜索工具及其特点，对于合理选择搜索工具提高搜索效率是很有必要的。为了获得最好的结果，需要为每一项任务选择最恰当的搜索引擎或者把多种搜索引擎结合起来使用；

④实施搜索过程。搜索过程应选择合适的关键词，关键词一定要和主题密切相关，搜索过程中应使用尽量多的关键字，以缩小搜索范围，减少结果中的链接数。掌握逻辑运算符与、或、非）的使用方法，使用这些操作符，可以大大减少搜索范围减少命中数量，节省时间。学生应该学会浏览式搜索、超文本式搜索、纲目式搜索和逻辑式搜索；

⑤评价信息质量。搜索过程中要进行信息评价，以便确定信息是否和主题相关，信息来源是否可靠等问题存储搜索结果。把搜索到的与主题相关，又相对可靠的文档下载到本地计算机上。把获得的有价值的信息进行归类、合并，使其成为一个结构完整、条理清晰的文档。

2. 网络信息搜索策略

互联网上包含有巨量的各类信息和资源，要想快速对互联网信息进行检索和查询，除了需要依靠搜索引擎工具的帮助，还需要掌握一些信息搜索的策略与技巧。

①选择恰当的关键词。恰当选择关键词是网络信息搜索成功的保障。确定关键词首先要明确需要搜索的信息主题，然后提炼此类信息最具代表性的关键词。可以使用一个关键词进行搜索，也可以按照"与（AND）""或（OR）""非（NOT）""+""-"等逻辑关系同时使用多个关键词进行搜索，以提高信息检索的准确率；

②句子检索法。检索网络信息所用的"关键词"既可以是单词或词组，也可以是一个完整的句子。如在搜索小说、文章等文本内容时最简单的方法就是用文本标题作为"关键词进行搜索，或是使用文中的某句话进行检索，这样可以提高信息检索的准确率；

③文件检索法。如果搜索目标是一个文件，可以充分利用文件的名称标志。如需要搜索某种设备驱动程序时，如果选择设备的品牌或型号为关键词，则会返回许多与主题无关的设备信息，如果在关键词后面加上 ZIP 或 RAR 等常用文件扩展名搜索效率则会明显提高；

④利用"同类链接"快速查找相关信息。如果希望从互联网上找到同类的系列网站，可以利用某个网站名字或地址作为关键词，因为链接到查询站点的往往是同类站点。利用这种方法可以快速找到一系列相关的网站；

⑤中西结合检索法。在使用搜索网站时，灵活地结合中文和英文可以很好地完成某些搜索任务。如使用英文或中文词汇作关键词检索，指定搜索网站只返回中文或英文网页结果；也可使用中文和英文关键词混合检索，只要求返回中文或英文网页信息等。

（二）信息评价策略

丰富的网络信息一方面拓展了教育信息的来源，另一方面也给教师和学生选择和评判信息增加了技能要求。在信息的海洋中，面对大量良莠不齐的信息资源，如何甄别各类信息的质量和价值？如何确定哪些信息真正符合自己的需要？作为一个有效的信息使用者，必须学会分析和判断信息的可信性、有效性和可用性。

1997 年，Robert harris（1997 年）开发了网络信息评价的 CARS 量表：Credibility（可信度）、Accuracy（准确度）、Reasonable（合理度）和 Support（支持性），作为评价网上信息的 4 个最基本的指标。

1. 可信度

信息的真实性、可靠性非常重要。当一个网络信息是以匿名发布的，或没有一定的质量保证的依据，或对该信息的评价是否定的，或信息中有多种语法错误、拼写错误等，那么，该信息的可信度就值得怀疑。一般情况下，信息的可信度可以从以下 3 个方面进行考虑：

①作者（信息提供者）可信度。网页的作者是谁？是个人、机构还是组织？作者发布信息的动机是什么？是否提供了作者的 E-mail 地址等联系方式？作者是否花了大量时间提供其他相关网页的链接？

②质量保证的依据。学术期刊的文章由于经过严格评审，一般有可靠的质量保证。而于一般的网络信息，有些要素可以反映它是否有一定的质量保证，如发布站点的组织是否具有一定影响力和权威性等。一般高等院校、科研机构、政府机构等站点发布的信息要比商业站点和娱乐站点信息更可靠。信息来源可通过信息所在站点的域名得知。

③元信息。元信息是指有关信息的信息，主要有总结性（summary）和评价性（evaluative）两类。总结性元信息通常是对信息内容的概括，如摘要、内容总结等。它提供了一个内容框架，人们无须对所接触到的信息从头到尾进行阅读，便可对该信息有大概的了解，这样不仅节约时间而且可以增大信息量。评价性元信息主要是有关对信息内容的分析判断，如评论、被索引的次数、推荐意见、评述等都属于该类。总结性元信息与评价性元信息可以相互结合，以便对信息提供精练准确的概括。

2，准确度

对准确度的验核主要是确保所获取的网上信息的内容是正确的。影响准确度的要素有：

①时效性。信息都有生命周期，即具有时效性。在网上查找到信息后应注意它的发表日期，以确定该信息是否有使用价值；

②全面性。准确度较高的网上信息应该具有一定的全面性，其观点和结论不是偏颇的走极端的，而是建立在全面准确的基础上的对性。针对性是指搜索命中的目标与所研究主题之间的相关程度。

3. 合理度

网上信息若具有合理性，就应做到信息内容公正、客观、一致。

①公正性。公正性即网页提供的信息是合理的、理智的，不加入个人的感情色彩和倾向性；

②客观性。虽然没有什么东西能绝对客观，但是一个有价值的网上信息应尽量做到客

观。有些信息因为受政治、财政或商业利益的驱动，失去了客观性，尤其是商业类广告信息等较为突出；

③一致性。一致性是指网页信息应该前后一致，不矛盾。

4.支持性

①出处。一般被索引内容的出处作者等都可以间接反映网页提供信息的质量；

②确证。在引用一种观点或论断时，应考虑是否有足够的证据表明这种观点或论断的正确合理；

③外部一致性。外部一致性是指网页提供的信息通常是由新旧信息共同组成的，用户可以通过对其中已知信息的质量来推断网页上的新知识的质量水平。

总之，对网上信息的判断，要借助于丰富的预备学科知识，同时，要尽可能多地收集相关信息，多角度、多层次地了解不同作者的相关论点，着重考虑其可信度、准确度、合理度和支持性4个因素，对其进行综合评价，以确保信息质量。

四、信息展示与交流策略

对学习而言，仅仅拥有和获得信息是不够的，学生还必须学会利用信息形成自己的思想并进行交流，从而使学习过程由封闭走向开放。Norton 和 Wiburg 总结了一个 DAPR 模型来描述信息加工与交流的过程，该模型主要包括设计（Design）、编码（Encode）、组合（Assemble）、发布（Publish）和修改（Revise）4 个阶段。

（一）设计

设计是指学生通过分类分组、排序、联系等方法把散乱的信息变得条理化、清晰化。在此过程中，学生会逐渐形成自己的概念、模型和观点，如果有更多支持性的信息，学生自己形成的概念就会进一步加强；如果有很多信息反对，学生就会舍弃自己的概念，而保留下来的概念又会被进一步加工。教师应该教会学生使用一些策略进行设计，如列出大纲、画流程图、认知地图、网络、图表或上述多种形式的组合等。设计是产生信息必不可少的第一步，教师应鼓励学生对自己的设计过程进行再设计和不断完善。

（二）编码

设计基本完成后，学生开始编码。编码实际上是把思想和经验转变为符号形式。编码的第一阶段是要确定一种最有效的符号形式，如图表、数字、文字、声音或几种形式的综合，学生要自己确定选择最能表现当前信息的符号类型；第二阶段是选择一种最适合表达个人思想的形式，如故事、研究报告、论文、纪录片、新闻报告、戏剧形式等，再为表现形式选择种合适的媒体，如选用文本形式、幻灯片、网页、录像带、电子表格或几种媒体的结合。最后，学生要确定使用什么样的程序进行编码，可以使用文本处理器，例如，使用 WPS、Word 编写文本，使用 Excel 设计制作电子表格，使用 PowerPoint 制作幻灯片，用照相机拍摄照片，用摄像机制作录像等。

（三）组合

当设计所需要的所有成分经过编码和储存之后，学生要把信息按照一定的逻辑顺序进行组合。在这一过程中，对缺失的信息进行补充，对多余的信息进行删减。在组合加工阶段，学生可能会发现有些信息是互相矛盾的，这就需要重新进行分类和编码，找到更多的有用信息。

（四）发布和修改

信息的发布和修改富有动态性。当个人或小组形成自己的信息产品后，个人和小组就成为最早的听众。在交流的时候，信息的制作者能够看到自己的产品。同时，可以对自己所表达的信息的一致性、流畅性、适当性进行反思与修改，进一步和同伴、专家、教师共享自己的信息，以获得及时的反馈。在这一过程中，学生要验证自己的观点是否正确、交流是否有效，同时要考虑别人提出的各种意见，并对某一阶段的交流进行总结，以得到有益的启示。

五、信息问题解决策略

美国学者艾森博格（Mike eisenberg）和伯克维茨（Bob berkowitz）提出了一个旨在用来培养学生信息素养和问题解决的能力，并在国际上得到广泛使用的 Bg6 信息问题解决方案。Bs6 作为一种信息素养模型，有人称其为信息问题解决策略／模式，也有人称它为信息化学习的元认知支架。其问题解决的流程一般包括 6 个步骤，即任务定义→信息搜索策略→查找和获取信息→利用信息→综合信息→学习评价。

（一）任务定义（Task Definition）

1.分析并定义信息问题

首先需要认真分析你所面临的问题，确认你是否正确理解了自己的学习问题或任务。如有不明白之处则需要请教教师或与同学沟通；如果认为自己已经明白了，请用自己的话表述出来，以便让教师确认你对任务的理解是否正确。

2.确定完成任务所需的信息

理解任务后需要分析为了完成这项任务所需要的信息有哪些？如有不清楚的地方，则需要针对任务列出一份有关问题的清单。通过对问题的逐步细分，可以帮助你发现所需要的信息。

（二）信息搜索策略（Informalion Seeking Stralegies）

1. 确定可能的资源范围

百科全书、图书馆里的文献资料、各类调查报告和网络资源，甚至与研究主题相关的专家都是可用的信息来源。明确任务和问题之后，可以根据第一步所定义的问题清单，通过集体讨论来确定所有可能用到的信息来源。

2. 找出资源的优先顺序

对可能的信息资源进行分析评价，以便选择最好的资源利用。仔细评估所列出的可用信息来源明细表，从中选出可能有用或容易获得的信息，列出优先顺序，其中有些资源自己不是很了解，可以询问教师、同伴或请教图书管理员等。

（三）查找和获取信息（Location and Access）

1. 查找相关资源

确定你可以从哪里获得相关资源，针对每个资源，记下它的位置。如果是网站，列出它们的 Web 地址。为了节省时间，可以使用教师或图书管理员提供的信息来源（Web 地址）。

2. 从中寻找有用信息

在已经获取的许多资源中，如何发现解决问题所需的信息？通常可以采用"关键词"检索方法来查找出与问题主题密切相关的资源，再具体收集自己需要的相关信息。如从索引或目录中找到相关主题内容，或利用网络搜寻引擎查找主题关键词信息等。

（四）利用信息（Use of Information）

1. 了解资源内容

运用信息前首先需要了解你已经掌握的资源内容，遇到无法理解的问题可以向他人求助。没有必要阅读和分析所有文献或网站的所有内容，只需要判断它是否与问题主题相关，并能否为你提供解决问题的有效信息就可以了。

2. 摘记相关信息

仔细阅读信息资源，把可以帮助问题解决的相关信息或数据摘记下来。如果直接摘录原始数据或信息内容，必须注记数据的来源和出处；如果数据的来源是光盘、影片或是录音带，则必须仔细地看或听，然后摘记相关信息并注明数据来源；如果在作摘要的过程中发现了新问题，则需要把它增加到问题列表中。

（五）综合信息（Synthesis）

1. 从多种资源中组织信息

通常可以通过写一份提纲或草稿来将各种信息组织在一起。这一步工作决定着如何把笔记中摘录的信息内容与你自己的观点和见解有机地整合在一起，以便完成你的作品。

2. 呈现和表达信息

依照问题定义阶段所要求的格式完成作品。作品可以使用下列方式表达：使用 PowerPoint 文稿介绍、写出书面研究报告、或制作一套多媒体演示光盘、或使用其他适合的技术方式来表达你的研究结果。

（六）学习评价（Evaluation）

1. 评价你的作品

当你完成最后的作品之后，与教师的任务要求相比较，你是否实现了给定的任务目标？作品是否符合要求（包括呈现方式整洁度、封面、姓名、日期等）？收集的信息是否翔实？所引用的信息来源是否都已经加以说明？格式是否正确？等等。

2. 反思问题解决过程

任务完成之后，需要对自己的问题解决过程进行反思并及时总结，这对今后处理类似问题会有所帮助。问题反思包括：在这次学习过程中自己学会了哪些技能？在以后的问题解决中如何再次使用这些技能？本次学习中做得较好的工作有哪些方面？下次遇到类同的学习问题时有哪些方面需要改进？在所收集的资源中哪个最有使用价值？确认信息资源价值的方法是怎样的？还有哪些需要的资源没有找到？这些资源以后如何获取？等等。

Big6 问题解决策略过程充分体现了对学生信息素养的培养，而且重点放在对信息的收集、评价和理解上。使用 Big6 问题解决模式时，并不要求一定按照规定的步骤顺序进行，这主要视问题的性质或学习者对问题的认识而定，如做到第三步"收集信息"时，却发现资料不足或所需的技能、时间不够等，这时则可能要回到第一步或第二步重新思考问题。

教师在培养学生的信息能力时，不应孤立地教给学生信息技能，而要和学校课程紧密结合在一起，要把信息技能的教学整合到学科教学和课堂学习中。基本的信息技能不仅包括下载和获取信息，更重要的是一般性的问题解决和研究过程。掌握孤立的技能属于低级认知技能，只有将它们有效整合到信息问题解决的过程中去，才可能获得真正的信息素养，从而能够灵活地、创造性地、有目的地使用计算机和网络，并将信息技能运用到具体课程的学习中。

第三节　信息化教学中的交往分析

教学是一种特殊的交往活动，是一个通过人际互动和社会性交往来促进学生发展的过程。在教学交往的过程中，学生是知识学习的主动参与者和意义建构者，教师则是学习过程的组织者、引导者和帮促者，他们通过彼此之间互动交往形成"学习共同体"。

一、信息化教学交往的类型

随着信息技术的应用发展，基于计算机的媒介交往（Computer-Mediated Communication，CMC）在教育交往中的地位越来越重要。开放性、交互性和建构性是教学交往的根本特性，信息技术为实现这种多向、平等的互动交往提供了有力支持。与传统的课堂教学交往相比较，信息化环境下教学交往的类型具有明显的技术性特点：

（一）现实主体之间的交往

现实主体之间的交往主要是指现实世界中的教师个体和学生个体、学生群体、学生群体间及群体内部成员间的交往。学生与教师的交互发生在学生和教师之间，可以采用提问、辅导、答疑、批改作业等方式进行。在学生与教师交互的过程中通过对学习内容、方法和态度等方面的交流，解决学生在学习过程中的问题，同时激发学生主动参与学习的积极性；学生与学生的交互可以是个人形式的交互，也可以是小组形式的交互，可以有教师参与，也可以没有教师参与。在信息化学习过程中，由于研究性学习、协作学习的开展，学生间的集体交互更为普遍，教师要引导、组织和促进学习者之间的沟通互动，通过小组讨论、意见交流、游戏、辩论等形式，合作解决问题。通过这种合作和沟通学习者可以看到问题的不同侧面和不同的解决途径，从而对问题和知识形成新的认识。

（二）现实主体和虚拟主体的交往

传统课堂情境中交往类型主要是现实主体间的交往。在信息化环境下，由于计算机网络这一媒体的介入，现实主体和虚拟主体的交往方式在学习过程中日益得到广泛的支持与应用。例如，适应性教学系统能够根据学生的反应，动态地呈现符合学习者特征和学习状况的教学内容；又如，模拟现实系统使用现实或虚拟世界中一些选择好的要素，将这些要素按照规则一起运作，能够把学习者带入一个虚拟的、可视的，甚至可参与的世界。很多研究者都试图利用互联网来促进学习者广泛的交往合作，教师在教学中可以组织学生与来自世界各地不同领域的专家进行交流。如学习者可以就遗传问题访问专业的数据库、获取丰富的数据，并直接和遗传学专家进行讨论交流。国际互联网的发展为这一构想的实现提供了有力的技术支持，学生可以借助网络聊天室（Chat room）、F-mail、电子白板、QQ、BBS站点、MSN、Grove、Skype等技术的支持实现广泛的交往，也可以借助视频会议的方式，实现"面对面"的交流。

（三）虚拟主体之间的交往

借助于人工智能技术和软件技术的发展，形成一个虚拟交流学习环境，虚拟学习者（Virtual Learner）和虚拟学习者之间、虚拟学习者和虚拟教师（Virtual Tutor）之间进行交往，从时、空二维度来看，可以有同时同地、同时异地（同步交互）、异时同地和异时异地（异步交互）的方式。同步交互属于实时交互方式，它为学习者提供了一种异地同时交流的形式，如常用的聊天室、CQ、网络会议系统、网上电话、MUD/MOO 等都属于同步交互的范畴。学习者可以利用 MUD（Multi-User Dungeon 多用户空间）、MOO（Multi-User Dungeon Object-Oriented，面向对象的 MUD）、MUSE（Multi-User Simulation Environments，多用户模拟环境）来创建虚拟的社会环境，用户在其中可以为自己设定各种灵活的、匿名的身份，使得在实际地理位置上处于分离状态的用户能够在一个共同机制中进行交互和协作。这种虚拟情境与学习者将来真正应用所学技能的环境具有高度的相似性，通过这种方法可以促进学生对抽象知识的运用能力；异步交互则属于非实时的交互方式，它充分利用网络通信时间和空间的虚拟特性，打破交流的时空限制。人们常用的 BBS、新闻组、电子白板和 E-mail 等都可以支持异步学习交互。

二、信息化教学的交往设计

教学交往不是既定的，而是生成的。如何利用信息技术提供的资源与工具，改善不合理的教学交往，生成积极的、主动的、有效的教学交往？这是信息化教学交往设计的目的所在。

（一）选择交往主题，明确交往目标

教师在组织教学交往前一定要精心设计交往主题，主题应该是符合课程标准、引发学生兴趣、能适应不同层次学生不同需求的。尤其是随着计算机媒介交往的增多，自主学习、协作学习、研究性学习的开展，教师对交往的直接调控减弱了，交往的维持主要依靠交往主体思想的磨合和对主题的认同感。因此，教师要从学生的实际出发，选择一个有价值、有意义的比较开放的主题。

对于选定的主题，教师要从不同方面进行细化使其更具体和深入，教师围绕这一主题探讨可能引发的具体问题，事先设计一些能引导学生就该主题进行深入探讨的高水平的问题，以便在交往中激发学生的主动性和积极性。对于每一个细化的主题，明确提出交往后要达到的目标和最终的业绩水平。

（二）提供相关的信息内容和资源

为了保证交往的高效性，教师应该事先给学生呈现相关的内容，使学生对主题有了解并激发先前的学习信息，在交往过程中随着学生对问题探究的不断深入，需要的资源可能更多，教师应事先提供一些相关的资源途径和获得资源的方法，如学校的图书馆、实验室、网络教室，校外的博物馆、科技馆、社区等。对于 Internet 上的资源，教师应提供资源链接。

（三）创设交往环境

为支持教学过程的交往活动，教师要为学生提供有力的交互工具，包括界面友好的通

信工具、协作工具、个人主页空间和追踪评价工具。同时，教师要创建一种能够激发参与者交互性学习环境、设备和材料的提供、工具种类和时间限制等都会影响学生交往的积极性。环境信息可以促进学生活动，唤起他们对特定学习材料的关注，鼓励他们参与不同层次的学习。设计良好的交往环境应该是资源丰富、技术工具种类充足、时间富有弹性的。在这种环境中，学生可以利用各种学习资源和建构工具进行学习活动，可以通过电话、BBS、E-mail、QQ、MSN 等方式方便地与教师、同学和专家进行交流与合作。

（四）设计交往策略

技术系统的交互特性不一定产生教学交互，教学交互的产生不仅依赖技术支持的可能性，更依赖教学设计的策略和方法。由于学生的个体差异，其交往的方式和策略是因人而异的，教师要为学生设计多种可供选择的交往策略，并引导学生选择适合自己的交往策略。学习者既需要同步的集中交流，也需要随时随地的异步沟通；既需要身边人的合作与帮助，也需要更大范围内的网友、专家和导师的帮助。对于要进行教学交往的学生，教师在设计时应该考虑到学生个体的差异、小组的差异、交往技能的差异等，对于不同的交往，主体教师要提供或设计多种交往工具和交往环境，以保证顺利、高效地运行。

（五）创建学习共同体

教师要为教学交往创建一个学习共同体，使学生意识到自己是在一个团体中进行学习，感受到团体对自己的价值和意义。在学习共同体中，成员之间要互相信任和分享彼此的经验；教师要和学生一起制订开展活动的程序和规则，共同体成员要遵守相应的活动程序和规则；教师还要设计具体的协作任务，让学生了解其大致的活动过程，明白自己在各个环节中的主要任务，引导学习者的参与、合作和交流活动。学习者要增强"共同体"意识，成员之间要相互尊重，包括学生之间的互相尊重、师生间的互相尊重和对提供帮助的专家们的尊重，应该轮流听取各个成员的意见，对问题进行多角度的思考和讨论，从而将思维引向深入。

三、信息化教学的交往管理

在信息化教学交往过程中，教师的角色将从舞台的主角转变为幕后的导演。教师对教学交往的管理作用主要在于引导和促进学生正确与有效的交往，在交往中促进智力的发展、人格的培养。

（一）激发交往动机

现代心理学研究表明，人的一切行为都是由动机引起的，动机是激励人去行动以达到一定目的的内在原因。教师要改变传统交往中单向、被动、静态的交往现象，通过开放式的问题、情境、活动的设计，引发学生的交流意识。教师要耐心地聆听学生的发言，引导学生形成自己的看法，组织持不同见解的学生进行讨论。鼓励学生自由、大胆地参与探索和交流。同时，教师应根据学科特点，在教学交往中充分运用观察、实验、访谈、实地调查、网络浏览、搜索数据库等多种手段，通过组织学生讨论演讲、比较、评价、修改等活动，引导学生不断迈向更高水平的深层次的交往。

（二）组织、监控交往过程

在信息化交往中，教师作为组织者和管理者的角色将更加突出。教师要合理组织交往过程，要为学生提供有关学习任务、学习进程、信息资源、评价量规和学习指导等方面的建议。教师要帮助学生建立交往的规范，这是学习共同体进行交往的基础。在交往过程中，教师要对整个交往过程进行监控调节，在与学习者的对话中提出问题和所要完成的作业，提供有关的个案研究及实际例子。同时，对于脱离主题的交往要善于发现、引导，并及时提供帮助与支持。教师要引导学生通过持续的概括、分析、推论、假设检验等思维活动，建构起新的知识，帮助学习者形成思考、分析问题的思路，教师要组织学习小组，引导和组织学生进行讨论与合作活动，使交往得以深入，通过组织好的群体互动来促进个体的发展。

（三）建立有效的反馈机制

在信息化教学交往中，教师要善于通过多种渠道、多种方式及时地获得学生学习中的各种反馈信息，并对获得的反馈信息及时评价，以对教学交往进行恰当的调节。如教师可以利用基于计算机的各种工具支持对学习交往活动的规划设计，收集和保留关于学习者学习情况的信息，为促进学习者的学习提供有效的测评反馈和建议，并在必要时进行有针对性的调节和控制；教师可以把学生的作业、作品等学习成果放在网上，教师和学生可以通过论坛、E-mai 等方式对作品提出帮助性的反馈意见；教师可以通过帮助学生建立成长记录袋、电子学档等形式培养学生对学习过程的自我评价、自我反思和自我调控的能力。

（四）成果展示、交流和评价

在交往结束后，学生应该将交往成果展示给大家，这种展示也是思维过程的展示，学生不仅可以从他人的成果中获得知识和信息，还能看到思维方式和解决问题的差异，有利于培养发散性思维。交往成果的形式依据活动的主题而定，可以是口头报告、故事，也可以是图表、论文、纪录片、研究报告等书面作品。活动可以采用班级交流会、戏剧表演、网上答辩等多种方式。

在学习交往过程中，教师要组织学生对交往成果进行评价。评价包括个人与小组的自我评价，也包括组间、班级间的互相评价。评价要具有开放性与多目标性，不仅要评价学习成果，也要评价学习过程，提供更多积极的、有利于进一步交往的建设性评价。教师需要不断根据学习者交流、提交的内容评价各个学习小组的进展情况，评价每个小组成员的贡献，将过程性评价与最终的学业成绩联系起来。同时，教师也要鼓励学习小组及个人不断地进行自我评价和相互评价。

总之，在信息化教学交往过程中，教师要善于利用信息技术的支持，充分考虑学生的内在条件并结合交往的主题和内容选择多种交往形式，创设丰富的交往环境，培养学生学会倾听、交流、协作、分享的合作意识和交往技能。在交往过程中要让学生积极参与整个过程，发挥学生的主动性和积极性，使信息化教学交往过程成为真正有效的教学交往。

第四节 教学过程的信息化管理

信息化教学管理就是利用计算机的数据管理和信息处理功能来支持教学过程的管理职能，帮助教师监测、调控、评价和指导学生的学习过程，并为他们提供有效的教学决策的帮助信息，以便提高教学活动的效果与效率。

一、信息化课堂管理策略

课堂教学管理是围绕师生教与学的需求，为了实现特定的教学目标而对影响课堂教学过程的各种要素进行的组织与协调，其目的是为教学创设良好的环境和条件，以促进学生有效地学习。传统课堂管理主要是以教师为中心的权威型控制管理模式，它通常是通过建立、实施和强化课堂规则及有关奖惩规定来实现的，它重视教师对学生行为的控制过程，强调教师对各种控制策略的运用。这种管理模式把时间和精力集中在控制学生上，而不是为教与学创设条件，因此，这种管理方式在一定程度上压抑了学生的学习积极性与主动性，甚至有可能因管理和控制而导致更多的教学问题和困境。

信息化课堂管理和传统课堂管理相比，从管理目标、管理手段、组织形式、课堂学习环境、管理场域及课堂存在的主要干扰因素等方面都发生了变化，见表5-2。

表5-2 信息化教学管理与传统教学管理的特点对比

课堂特点	传统教学管理	信息化教学管理
课堂管理目标	对影响课堂秩序的要素进行控制	创建生动富有活力的课堂氛围
课堂管理手段	刚性的课堂规则和纪律侧重于"命令＋监督"的管理方式	"协商与合作"原则，更多依赖学生的自律和师生间的"问题解决"
课堂学习环境	倾向行为控制和程式化问题解决注重课堂秩序和规定性服从	创设交互式学习环境支持宽松的开放型课堂氛围
课堂管理场域	局限于现实的教室空间	现实课堂与虚拟学习空间并存
课堂组织形式	班级授课制为主体	讲授学习、合作学习与自主学习协同
课堂干扰因素	与学习无关的各种问题行为	学习态度、协同方式和技术应用

信息化教学已经不再局限于单纯的知识授受，而是注重人的全面发展。信息化课堂管

理应努力营造一种民主化的管理方式，它强调学生最大限度地参与学习，并注重教会学生自我管理；教师的管理角色应从权威者和控制者转变为组织者和协调者。适应信息化教学发展的特点，基于课堂的教学管理模式必须从传统的教师权威模式向对话、开放、参与、自主的民主型管理模式进行转化。

（一）创设积极的课堂环境和氛围

课堂环境包含多种因素，这些因素的相互联系和相互作用构成一个有机整体。信息化课堂教学管理应着眼于创建一种融洽有序的课堂学习环境，教师需要通过一系列管理策略来引导和建立积极有效的学习氛围，通过合理调动和组合各种学习资源，为教学活动的开展建立有效的支撑系统。在开展教学活动之前，教师要向学生详细说明他们在教学活动中的特定要求；在教学活动过程中，教师要鼓励、促进学生的积极行为，要创设平等相互接纳的学习气氛，与学生进行沟通、对话、交流，给予学生及时而积极的反馈。另外，教师要善于树立积极的课堂期望，发展有效的沟通对话，通过创设一种积极、有效的课堂氛围，提高课堂管理的效率。

（二）提倡学生参与课堂管理

教师和学生共同管理课堂，可以适当发展学生的自主能力和独立能力。许多学生都具有强烈的学习责任感，他们拥有参与、选择积极的课堂活动，与教师共享课堂管理的权力。里德利和沃尔瑟认为，当教师学会与学生分享课堂、尊重学生，并且把学生看作自我指导的学习者的时候，教师就能成功地培养出更加负责任、自治和独立的学生。

在学习任务、内容、方法、评价等方面，教师应给予学生选择、参与和决策的机会；学生自己选择、参与的机会越多，学习的责任感和积极性也就越高。教师可以根据活动目标与学生一起参与讨论并给予指导，而不是简单地施加命令；教师可以通过 E-mail、BBS 等多种渠道听取学生的建议，并根据学生的反馈意见来改善教学与管理。课堂规范应当由教师和学生一起制订，学习过程应体现学生的主体地位，学生进行相互评价和自我评价，学习活动尽量在具有自我管理功能的学习群组或学习共同体内进行。

（三）加强学生的自我管理能力

培养学生的自我管理能力是课堂管理的一个重要目标。在信息化教学过程中，由于计算机技术的支持，学生的自主学习、基于网络的协作学习探究学习在教学中日益增多，培养学生的自我管理能力显得尤为重要。自我管理能力的获得，有利于学生从他律变成自律，更为重要的是，这种技能一旦获得，学生可以终身受用。

教师可以采取一些适当的措施来帮助学生形成自我管理能力，如鉴别和限定相关的行为，明确自我管理的对象和目标；指导学生建立自我管理程序，如学习进度表、检查表在计算机上建立用于收集个人学习资料和学习作品的电子档案袋等；帮助学生分析自己的学习策略和学习状况，引导他们成为学习过程的自我监控者和管理者，并学会对自我管理的效果进行评价与反思。借助成长记录袋、电子学档、Blog 等信息工具进行学习评价和反思，培养学生的自我计划、自我监视和自我调节能力等。

二、计算机教学管理系统

（一）CMI 系统的功能

计算机管理教学（Computer Managed Instruction，CMI）是指应用计算机从事教学活动的管理。CMI 系统主要包括制订教学目标、规划教育资源与进度、安排教材、提供练习与测验、统计分数、统计个人与班级进度报告、个别咨询等教学与管理功能。

①目标管理。允许教师描述教学目标。目标大小因系统管理水平高低而异，大到培养方案，小到教学单元。目前多数的系统主要管理课程级的目标；

②活动管理。通过建立课时表安排教学活动，按教学活动的性质调配教学资源；提供电子通信工具（如 E-mail）供师生交流、通信使用；

③资源管理。可以帮助教师收集、编制与管理各种学习材料，可以是计算机内存储的课件，也可以是关于其他媒体素材的索引。可以进行一学期一次的课表编排，即静态的资源分配，还可以根据处方为学生动态分配资源。资源管理的目的是有效利用时间、空间和教学媒体；

④测试。提供了试题存入、检索、修改与删除等功能，允许教师描述测试的目标、覆盖范围、难度等属性，根据要求自动从题库中抽取题目组成试卷，印出书面试卷供脱机测试，或保存为电子试卷供联机测试；

⑤诊断与咨询。利用系统中记录的有关学生学习情况的数据，为学生提供诊断和咨询服务。例如，根据这些数据确定学生的学习进程是否朝着预定的目标前进，并制订相应的处方，为学生分配适当的学习任务；根据这些数据推测其学习能力和知识结构，进而提出有关其专业方向和进修计划的建议；根据所记录的关于教学过程的信息，为各类教学参与人员编制报告等。

（二）CMI 系统的结构

CMI 系统的结构与教学管理模式密不可分。有学者从"个别化—集体化"、"教师—学生"两个维度对 CMI 管理模式进行分类，把教育计划管理系统置于中心地位，作为宏观的 CMI 系统来协调分处不同区域的学习监控系统、课堂信息系统、学习顾问系统和教育群件系统。教育计划管理系统与各类不同 CMI 系统相交部分（T、T2、T3、T4）可作为 CMI 教学测评系统：

①学习监控系统。监测与控制学生，能为学生自动分配学习任务，提供练习与诊断性测试，评阅练习与测试，提供分析报告和跟踪学习进程；

②课堂信息系统。自动采集反映课堂教学过程中的学生行为数据，并进行数据处理分

析与提供结果报告，教师可以获得关于学生群体特征和个人与群体之间关系的信息；

③学习顾问系统。能够为学习者个人就学习目标的设定、学习材料的选择、学习技术的配合等方面提供指导性建议；

④教育群件系统。能够管理与协调学生的合作性学习活动，包括学习群体的形成、学习活动的协调、学习信息的传输与整理；

⑤教育计划管理系统。能够进行学生培养方案层次的管理，包括整体培养目标的选择课程计划的编制、学习资源的调配、宏观学习进程的检测与控制等；

⑥教学测评系统。在教学活动后，通过有目的、有计划的测试，对学生学习后的行为做出合理的评定。传统上，教学测评主要依赖于选择题形式，注重对学习结果的评价，适合客观主义倾向的教学测试（T1 和 T2）。随着评价理念的更新，评价更多侧重于学生的学习过程，更多采用表现性的评价方式。目前，正在积极探索利用计算机支持建构主义倾向的教学测试（T3 和 T4），如进行基于电子学档的评价等。

三、网络教学管理系统

随着教育信息化的不断发展，单机版的教学管理系统已难以满足教学管理和资源共享的需求，因此，它正被网络教学管理信息系统逐步取代，教育资源的收集、交换、存储、处理和利用将更多地通过各种网络通信系统进行。

（一）LMS 学习管理系统

学习管理系统 IMS（Learning Management System）是侧重在网络上对教务教学、行政事务进行管理的平台，其目的是简化对学习和培训的管理。LMS 包括用户注册管理、课件目录管理、学习者的信息数据记录以及向管理员汇报等功能。LMS 提供的基本功能有：管理知识对象功能，如安排和编辑在线\离线的学习资源；启动在线课件，将 LMS 课件连接到 Internet 发送对学习者的评估信息及测试报告；评估学习者能力，根据评估信息建议学习者的学习课程及管理学生的学习进度。

目前的网络学习管理平台普遍属于 LMS。对学习者来说，LMS 可以帮助他们自主安排学习过程，并提供与其他同伴交流和协作的空间；对管理者和教师来说，有助于了解、追踪、分析和报道学习者的学习情况，以做出正确的决策。绝大部分 LMS 都不具备教学内容制作的功能，LMS 使用者需另外提供内容制作工具。LMS 的最小可管理单位定位在某一门课程，即 LMS 的可重用性涉及的资源粒度为课件层。

（二）CMS 内容管理系统

内容管理系统 CMS（Content Management System）用于大数据的储存和恢复，在一个数据库中可以存储文本、声音、图像等。此外，内容管理系统也提供版本控制、注册、注销等功能。采用强大的内置搜索功能，用户输入关键词，就可以快速地从数据库中找到需要的信息——信息创建日期、作者姓名或其他搜索标准。内容管理系统经常用于为组织创建信息入口，作为知识管理的基础，也可用于组织管理文档和媒体资产。

CMS 中最小的信息块是内容组件，即以 CMS 的可重用性所涉及的资源粒度为内容组件。这些内容组件在网络教育领域中被称为学习对象（Learning Object，IO）或可重用学习对象（Reusable Learning Object，RLO）。

（三）LCMS 学习内容管理系统

学习内容管理系统 ICMS（Learning Contents Management System）是在整合 LMS 和 CMS 功能的基础上发展而来的管理系统，它能够比较灵活地创建、存储、发布和管理以学习对象形式存在的各种个性化学习内容。LCMS 主要为开发人员提供一种学习内容的开发环境，使开发人员可以利用学习对象库创建、存储、管理和发布学习内容。学习内容管理系统一般情况下是在学习目标模式上的内容管理，这种管理系统通常都有很好的搜索功能，便于课件开发人员快速找到所需的文本或媒体。

学习内容管理系统中引入了学习对象的概念，尽量将学习内容和其描述信息分离，内容般会在 XML 中标示，系统间的交换数据格式为 XML。这样，不同的 LCMS 系统可适用于各种格式的对象以及不同的平台，确保了学习对象和 LCMS 系统间的互操作。

LCMS 结合了 LMS 的学习追踪、管理和 CMS 的内容创建、发布、管理，在可重用学习对象和相关网络教育技术标准的基础上，设计出一个即使没有任何编程经验的资源专家、教师或课件制作者也能方便地设计、创建、发布和管理网络的课件。同时，LCMS 能提供给学习者个体学习和认证，教育机构能追踪学习者的学习进度，并能及时调整以适合学习者的学习需要。

学习内容管理系统旨在为用户提供一个可制作学习内容、存储学习对象、管理学习和动态发布个性化学习内容的网络教育应用系统。

LCMS 原型系统主要由学习对象库、内容制作工具、动态发布接口和管理软件 4 个部分组成。其中，学习对象库、内容制作工具、动态发布接口为核心模块。

①学习对象库。能存储和管理学习内容的数据库；

②内容制作工具。允许没有编程经验的制作者创造新的或重用已有的学习对象来快速制作标准化学习内容。它能根据教育设计的基本原理，向制作者提供制作模板和导航机制来实现制作的自动化。通过对模板的使用，制作者能够重用学习对象创作新的学习内容，或者把新的对象和旧的对象集合在一起；

③动态发布接口。能根据学习者的学习状态、开始学习前的测试结果或用户的检索请求来动态地发布学习对象；

④管理软件。是一个能管理学生记录、启动课程、跟踪学生进度的应用软件。

学习内容管理系统的研制和开发，克服了传统教学管理系统教学内容开发过程与学习管理过程相分离的问题，使学习内容的共享和教学系统的交互成为可能。学习内容管理系统在国外已有一定的研究，如 WBT Systems、Knowledge Mechanics 等，国内的研究及其应用系统的开发工作才起步。

（四）LAMS 学习活动管理系统

1. LAMS 及其系统构成

学习活动管理系统（Learning Active Management System，IAMS）是一个开源的学习软件平台，其设计理念来源于 IMS（Instructional Management System）组织的规范，主要以 IMS 学习设计和 EML（Educational Modeling Language）为基础。作为新一代智慧云学习管理平台，LAMS 有效地克服了以往 E-Learning 学习管理平台的缺陷和不足，LAMS 相对于以往基于内容的学习管理系统的一个很大改进就是为教师和学习者提供了一个可以进行密切交互和协助的学习活动序列。事实上，Blackboard、WebCT、Claroline 等教学辅助平台都已经具备了部分 LAMS 的特性，只是在个性化学习活动序列设计上还有待完善。

LAMS 侧重于活动和活动序列的设计，为教师进行在线学习活动序列（Sequence）的设计提供了可行性框架。LAMS 提供了一个创建、存储和重用学习活动序列的可视化编辑环境教师通过它可以设计各种在线学习活动，从而真正满足了教师通过 E-Learning 实现个性化教学的目标。LAMS 将活动作为其基本的学习单元，而课程目标的实现是通过一组序列化的学习活动即学习活动序列来完成的。利用 LAMS 提供的交互式学习活动工具，可以有效支持协作学习环境下不同小组学习者之间的交互学习。

LAMS 主要由核心程序和所提供的工具箱组成，核心程序为不同的用户提供了相应的接口，主要包括管理员、设计者、学习者和监控者 4 个主要的接口。用户通过不同的接口进入系统，行使不同的权限。

管理员主要是对 LANS 系统进行配置管理，包括教师和学习者用户的创建和管理，班级的创建及管理等；设计者可利用 LAMS 所提供的工具集进行学习活动序列的设计和活动序列的发布；监控者监控学习者的学习过程；学习者通过设计者所发布的学习活动序列进行学习。

工具箱中所包含的工具（如聊天室、论坛等）是创建学习活动的基本单元，设计者可以将设计界面左侧活动工具箱中的任何工具通过鼠标直接拖曳到编辑区来创建学习活动，从而设计出有效的学习活动序列。

LAMS 核心程序采用了模块化集成的思想，每一模块都抽象出接口（核心程序链接 API）和 LAMS 工具或外部应用程序（Moodle、Sakai 等）进行交互，从而完成设计、学习、监控和系统管理 4 个核心程序对各工具的支配调用。

2. LAMS 系统的支撑平台

LAMS 采用了 Java2 平台作为其底层结构，提供了 Java Servlet API、JSP 及 XML 等全面的技术支持，有效解决了并发访问、分布式管理和安全性的系统需求。

LAMS 支撑平台主要包括 JBOSS 应用服务器（集成 LAMS 核心程序、内部工具和

Hibere）、MySQL 数据库服务器、Apache Web 服务器和浏览器。

JBOSS 应用服务器通过 Hibernate 向 MYSOL 读取写入数据，Hibernate 对 JDBC 进行轻量级的对象封装，相对于使用 JDBC 和 SQL 来操作数据库效率大大地提高了。通过 HTTP 协议在终端使用浏览器将 Hml、Jp、Flash 及 XML 等网页信息解析出来。Apache Web 服务器通过 Mdjk 组件与 JBOSS 应用服务器进行整合。

设计者、监控者、学习者和管理员在 LAMS 中都对应着相应的核心程序，下面以设计者使用 LAMS 进行学习活动序列的创建，保存到监控者发布学习活动序列再到学习者学习的完整过程来说明 LAMS 的内部运行过程：当以设计者的身份登录 LAMS 系统后，设计者通过所对应的核心程序调用活动工具箱中的工具，创建不同的学习活动，并利用场景管理工具将各个学习活动连接起来形成学习活动序列，单击"保存"按钮，通过程序链接 API 保存到数据库中；监控者通过其对应的核心程序使用连接 API 将数据库中的学习活动序列通过 JBOSS 服务器对外发布；这样，学习者就可以使用浏览器利用学习者核心程序所提供的学习者界面进行学习了。

LAMS 拥有全新的设计，集设计、发布、学习和监控于一体，支持简单的拖曳操作来设计复杂的教学活动场景，搭建 LAMS 所用到的各组件及环境都是免费提供给用户使用的。LAMS 所具备的贴近实践的学习设计理念、强大易用的教学支持模块、开源的软件支持功能和强大的社区服务支持等特点，决定了其将被广泛应用于教育教学领域。

第六章 "互联网+"背景下高职机电类专业信息化教学模式

教学模式，简言之，就是在一定教学思想指导下所建立起来的完成教学任务的比较稳固的教学程序及其实施方法的策略体系。一种教学模式是否成立，必须要有一种教育思想，而且要有一种操作方法，这套方法能不能实践这个理念，模式必须经过实践验证，三块里面缺一块都不叫模式创新。这就意味着一种教学方法之所以能够上升为教学模式，它必须以相关的教育教学理论为指导，而且有一套完整的操作方法并经过充分的实践验证。

第一节 基于项目的学习模式

基于项目的学习模式作为一种教学模式，近年来受到各国或地区教育者的关注。基于项目的学习模式是以学习研究学科的概念和原理为中心，以制作作品并将作品展示给他人为目的，在真实世界中借助多种资源开展探究活动，并在一定时间内解决一系列相互关联着的问题的一种新型的探究性学习模式。基于项目的学习模式的最大特点就是旨在把学生融入有意义的任务完成的过程中，让学生积极地学习、自主地进行知识的建构，以现实的学生生成的知识和培养起来的能力为最高成就与目标。基于项目的学习模式实质上是一种基于建构主义学习理论的学习模式，强调学习应在合作中进行，在不断解决疑难问题中完成对知识的意义建构。

一、基于项目的学习模式的基本要素

基于项目的学习模式强调对学生动手能力的培养，强调"经验"、"学生"和"活动"这三个中心，在活动中培养学生的能力。基于项目的教学模式采取"做中学"的方式，通过各种探究活动、作品的制作来完成对知识的学习。基于项目的教学模式强调现实、强调活动，与杜威的实用主义信息化教学概论义务教育理论是一致的。

基于项目的学习模式不是采用接受式的学习，而是采用发现式的学习。学生通过对问题做出假设，提出解决问题的方案，然后通过各种探究活动以及所收集的资料对所提出的假设进行验证，最后形成自己解决问题的结论。在这一系列的学习过程中，学生不断"发明"知识，并累积和建构新的知识基于项目的学习模式主要由内容、活动、情境和结果四

大要素构成。

（一）内容——学科的核心观念和原理

基于项目的学习模式所研究的主要内容是现实生活和真实情境中表现出来的各种复杂的、非预测性的、多学科知识交叉的问题。

（1）内容应该是现实生活中的问题。首先是关于现实生活中的一些真实的问题，其次是完整的而非知识片段，即强调知识的完整性和系统性，最后是值得学生进行深度探究，并且学生有能力进行探究的知识；

（2）内容应该与个人的兴趣一致，这样才能使学生对他们感兴趣的话题和所关心的事情进行学习。其中包括对复杂的话题和论点发表自己的观点，学习与他们兴趣和能力相一致的问题，从事当前、当地与兴趣相关的话题研究，从他们的日常经历中获得学习的内容。

（二）活动——生动有效的学习策略

基于项目的学习模式的活动主要是指学生对采用一定的技术工具（如计算机）和一定的研究方法（如调查研究）解决面临的问题所采取的探究行动。在基于项目的学习模式中，活动具有如下特征：

（1）活动具有一定的挑战性；

（2）活动具有建构性，由于基于项目的学习模式允许学生建构知识并生成自己的知识，所以他们很容易对知识进行记忆和迁移；

（3）活动应该与学生的个性一致。

（三）情境——特殊的学习环境

在基于项目的学习模式中，情境有如下作用：

（1）情境促进个人与个人之间以及个人和社会团体之间的合作。基于项目的学习模式比其他学习模式更能给学生提供丰富的、更具真实性的学习经历，因为它是在社区环境中进行的。在这种情境中，学习和工作需要相互依赖和协作。这种环境同时也促使学生防止人际冲突并且解决人与人之间的冲突。在没有压力、真诚合作的环境中，学生们对发展他们的能力充满了自信；

（2）情境鼓励使用并掌握技术工具。项目情境为学生学会使用各种技术（如计算机技术和图像技术）提供了一种理想的环境，这样就拓展了学生的能力并为他们走向社会做好了准备。

（四）结果——丰富的学习成果

基于项目的学习模式促进学生掌握丰富的工作技能并将这些技能运用到终身学习中。该项目的重点是获得特殊的技能，如传统的写作技能、语言技能和评判性思维的能力。同时，该项目的特有作用是使学生更多地去倾听和评价他们所不赞同的观点，总结他人的立场，对他们的立场进行有效的抨击，并实践自由发言的民主原则。

二、基于项目的学习模式过程阐述

基于项目的学习模式是一种新型教学模式，是一种革新传统教学的新理念，这种学习强调的是以学生为中心、强调小组合作学习，要求学生对现实生活中的真实性问题进行探究。通常其流程或操作程序分为选定项目、制订计划、活动探究、作品制作、成果交流和活动评价等六个步骤。

（一）选定项目

在基于项目的学习模式中，项目的选定很重要，它应该完全根据学生的兴趣来选定，同时又要考虑如下情况：首先，所选择的项目应该和学生日常的经历相关。至少要部分学生对该项目比较熟悉，这样的话，他们才能对项目提出一些相关的问题；其次，除了基本的文化素养以及一些技能外，项目应能融合多门学科，如科学、社会研究以及语言艺术等；第三，项目的内涵应该是丰富的，从而可以进行至少长达一周时间的探究；最后，选定项目应该更适合在学校进行检测。总之，在基于项目的学习模式中，教师应该充分考虑学生现有的知识经验和能力水平，以及学生通过努力是否有可能达到项目学习的目标，解决项目中所出现的各类问题。

项目的选择由学生来进行很重要，教师在此过程中仅仅作为指导者的角色，也就是说老师不能把某个项目强加给学生，教师所起的作用是对学生选定的主题进行评价，即选定的主题是否具有研究价值，以及学生是否有能力对该项目进行研究。根据评价的情况，如果有必要的话，可对学生选定的项目进行适当的调整或者建议学生对项目进行重新选择。

（二）制订计划

项目计划就是对项目活动过程的详细规划。它包括学习时间的详细安排和活动计划。时间安排是基于学生对项目学习所需的时间的一个总体规划而做出的一个详细的时间流程安排；活动设计是指对基于项目的学习模式中所涉及的活动预先进行计划。

（三）活动探究

这一阶段是项目学习的核心或主体部分，学生大部分的知识内容和技能技巧是在此过程中完成的。活动探究是学习小组直接深入实地的调查和研究，它通常包括到户外活动，对必要地点、对象或事件进行调查研究。在调查研究的过程中，学生对活动内容以及自身对活动的看法或感想进行必要的记录提出解决问题的假设，然后借助一定的研究方法和技术工具（此过程中，学生的研究方法和技术工具相当重要）来收集信息，然后对收集到的信息进行处理和加工，对开始提出的假设进行验证或推翻开始的假设，最终得出问题解决的方案或结果。

（四）作品制作

作品制作是基于项目的学习模式区别于一般活动教学的典型特征。作品制作往往和活动探究交融在一起。在作品制作过程中，学生运用学习过程中所获得的知识和技能来完成作品的制作。作品的形式不定，可多种多样，如研究报告、实物模型、图片、录音、录像、电子幻灯片、网页和戏剧表演等。学习小组对他们所研究的项目进行描述，并且展示他们的研究成果，作品反映了他们在项目学习中所获得的知识和掌握的技能。

（五）成果交流

学生作品制作出来之后，各学习小组要相互进行交流，交流学习过程中的经验和体会，并且分享作品制作的成功和喜悦。成果交流的形式也多种多样，如举行展览会、报告会、辩论会、小型比赛等。在成果交流的过程中，参与的人员除了本校的领导、老师和学生之外，可能还有校外来宾，如家长、其他学校的教师和学生以及上级教育主管部门（如教育局）的领导和专家等。

（六）活动评价

活动评价是基于项目的学习模式与传统教学的一个重要区别。在基于项目的学习模式中，活动评价要真正做到定量评价和定性评价、形成性评价和终结性评价、对个人的评价和对小组的评价、自我评价和他人评价之间的良好结合。活动评价的内容主要有课题的选择、学生在小组学习中的表现、活动计划、时间安排、成果表达和成果展示等方面。对结果的评价要强调学生对知识和技能的掌握程度情况，对过程的评价要强调对实验记录、各种原始数据、活动记录表、调查表、访谈表、学习体会等的评价。

评价可由专家、学者以及老师来完成，也可以由同伴或者学习者自己来完成。教师可以观察学生在项目学习过程中所运用的技能和知识以及运用语言的方法。学生可反映他们自身以及同伴的工作和工作流程、小组的工作情况如何、他们对工作和工作流程感觉如何、他们获得了哪些知识和技能。反映工作、检查流程以及明确重点和弱点知识区域都是学习过程中的组成部分。

第二节 基于网络的协作学习模式

基于网络的协作学习模式是指利用多媒体技术和计算机网络等开展的协作学习。而协作学习是一种信息交流过程，学习者在学习过程中将探索发现的信息和学习材料与小组中的其他成员共享，甚至可以同其他组或全班同学共享为了达到个人和小组的学习目标，可以采用对话、商讨、争论等形式对问题进行交流、沟通。

一、基于网络的协作学习模式概述

（一）协作学习

协作学习是 20 世纪 70 年代初兴起于美国，20 世纪 80 年代中期取得很大发展的一种教学理论与策略，它是指通过小组或团队的形式组织学生进行学习的一种方式，学习者在共同的目标和一定的激励机制下，为获得最大的个人小组学习成果而进行合作互助的学习方法。其模式是指采用协作学习组织形式促进学生对知识的理解与掌握的过程，通常由四个基本要素组成，即协作小组成员、辅导教师、协作学习环境、协作学习过程。

协作学习强调整体学习效果，同时关注学生个性的自我实现，每个协作成员都是学习过程的积极参与者，教师设置的小组共同目标保证和促进学习的互助合作，鼓励学习者各抒己见，并以小组的总体成绩来评价每个成员的成绩。所以协作小组中的每个成员都对他人的学习做出自己的贡献，个人学习的成功是以他人的成功为基础的，因此不仅要对自己的学习负责，还要关心和帮助他人的学习。

（二）基于网络的协作学习

基于网络的协作学习（Computer Supported Collaborative Learning，CSCL）是指利用计算机网络以及多媒体等相关技术开展的协作学习，是一种特殊的协作学习，在此学习过程中，多个学习者针对同一学习内容通过计算机网络平台建立交互和合作的关系，以达到对教学内容比较深刻的理解与掌握。在网络的协作学习中，计算机网络具有快捷性、交互性、超时空性以及对资源的可共享性，因而网络环境下的协作学习除了具备非网络环境协作学习的特点外，同时还具备以下特点：

1. 突破了时空限制

网络打破了传统的班级、年级、学校的界限，打破了时空的局限性。就协作的范围而言，网络化协作学习突破了学校的空间局限，打破学校束缚，协作范围可以从班上的小组到整个班级以及班与班之间、年级与年级之间甚至校与校之间，使得协作学习真正变成了一种大环境下的学习，极大地促进了社会学习化和学习社会化。就时间因素而言，网络的异步交互功能实现了异步协作，使学习者不必受时间限制，更好地完成协作任务。

2. 教师对小组学习活动干预程度较低

在基于网络的协作学习过程中，教师角色相对于传统教育中的角色有了很大的变化，主要是对各小组学习成果进行评价总结，对学习中的一些问题给予必要指导，而对小组在网络上的学习过程不过多干涉，学习者拥有了更多的选择性和灵活性，更容易促进个性化学习的开展。

3. 方便资源共享

协作学习中的成员为达成小组目标，需要不断地交流信息和分享资源。计算机网络技术的发展已经使全球资源共享成为可能，利用搜索引擎等工具，可以快速获得大量的学习资料，并且通过网络实现学习小组内资源共享。

4. 协作形式多种多样

通过计算机网络，学生可以通过 Netmeeting、QQ、MSN、BBS、聊天室、留言板等工具，方便地与相距较远的老师同学开展多样的沟通，自发地制订合作计划、开展讨论、共享合作成果。

二、基于网络环境的协作学习模式建构

网络信息具有非线性的组织形式、多媒体化表现方式、大容量的信息存储、便利的交互性等优势，这些都有助于学生认知策略的形成，因此在建构基于网络的协作学习模式时应充分考虑和利用网络技术的这些优点，尽量把网络的优点和协作学习的优点结合起来，要考虑到各种教学因素（如学习者、任务、情境等），同时还要考虑到网络的干扰因素。基于网络环境的协作学习模式如图 6-1 所示。

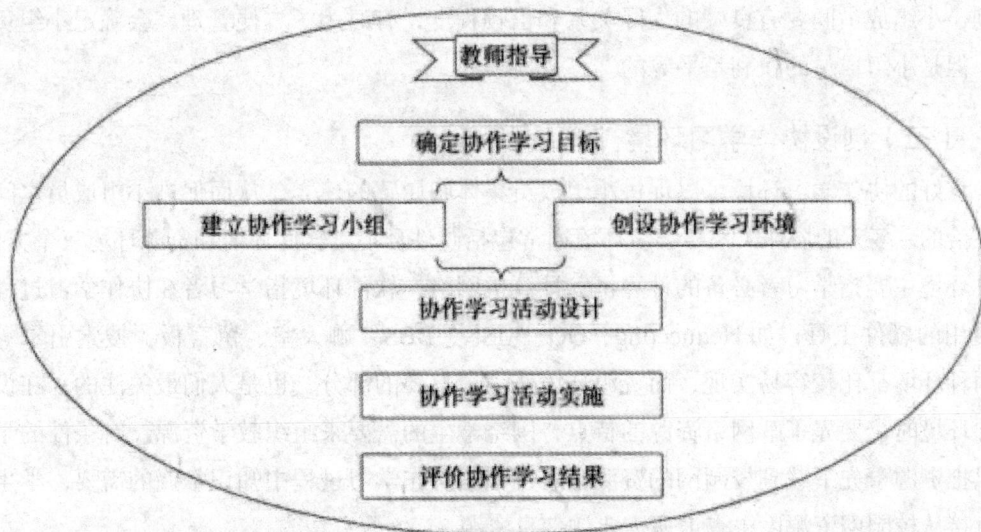

图 6-1 基于网络环境的协作学习模式

三、基于网络环境的协作学习模式要素分析

（一）确定协作学习目标

首先，要对即将开展的学习内容进行选择，选择适合运用协作学习开展的学习体系；

其次，确定小组协作学习的整体目标，即组目标，然后可根据学习内容的特点或者是学生的个体发展需要，将整体目标分解为子目标，或者提出学习者的个人目标。在这个环节中，要注意个人目标或子目标与组目标的关系设定，二者之间要紧密联系，特别是个人目标要成为实现整体目标的必有因素，这样既有助于促进学习者的自主学习，实现个人发展，同时又能够提高学习者参与协作学习的积极性。

协作学习可以促进学习者的应用、分析、评价等高层次目标的实现，因此在设计整体目标时不能只把目标局限于某一门课程或者某一方面知识，可以在确定某方面的核心内容的同时，将涉及的相关内容有效融合，从而促进学生的全面发展。

（二）建立协作学习小组

基于网络的协作学习是一种以小组为单位的学习方式，每个学习者都处在特定的团体中，都有特定的协作伙伴，因此科学合理地组建学习小组是实施网络化协作学习的必要前提，也是保证学习顺利开展的关键要素。协作小组可以由教师组建，也可以在协作学习目标的指导下由学习者自由协商构成，在学生自由组合时，教师要给予适当的指导和帮助。常见的协作小组有异质分组、就近分组、分层分组、同质分组、自由搭配等几种常见的分组方式。具体的协作小组划分要根据学生的学习特点、所处地域、学习基础、个人特长、兴趣方向或性别等标准进行划分。无论以何种方式划分，都要体现互补互助、协调和谐的原则，小组成员间要有良好的人际关系和信赖程度，有时为了方便管理，会确定小组负责人，但是小组成员的权利是平等的。

（三）创设协作学习环境

良好的协作学习环境可以促进小组成员集体归属感的建立，从而促进小组成员之间形成融洽的、多元的协作关系。学习环境通常包括硬件环境、软件环境和资源环境三个方面。硬件环境主要指学习者必备的计算机、计算机网络；软件环境指学习者在协作学习过程中所使用的软件工具，如 Netmeeting、QQ、MSN、BBS、聊天室、留言板、搜索引擎等。前两种环境都比较容易实现，而资源环境作为最重要的部分，也是人们最关注的；在设计资源环境时，要先了解网络资源的特点，围绕学生的需要来组织教学资源。有条件的学校可以把资源事先下载到校园网的资源中心，根据协作学习过程中知识掌握的需要，学生可以直接从校园网资源库中查询所需要的信息资源。

（四）协作学习活动设计

协作学习活动设计阶段就是指通过小组成员讨论、协商或者是教师指导而建立初步的协作学习计划，从而保证基于网络的协作学习的进度，在设计过程中要考虑每个学习者的具体情况，并根据协作学习中的个人目标或者子目标的序列关系，制定出协作学习的工作阶段。

（五）协作学习活动实施

协作学习活动实施过程，就是按照上一环节设计的小组学习计划开展学习，但是在具体实施过程中，学习者可以根据小组需求、个人需求以及教师方面的意见调整和修改前期计划，从而使协作学习活动得以有效实施。在具体的实施过程中，教师可以很少介入学生具体的学习过程，但必须要加强对小组协作学习过程中的指导，在协作学习中起到督导作用；教师可以根据学习者提供的协作学习计划，检查小组学习的进度与成果，或者通过BBS、电子邮件及时布置有针对性的作业、检查作业、引导小组开展讨论等等，从而深入地引导学生学习。

（六）评价协作学习结果

学习评价是检验学习是否达到目标、促进和完善协作学习活动的重要环节。对学习结果的评价应采用多种形式，促进全面真实的评价。要做到评小组与评个人、他人评与自己评、组内评与组外评相结合。当小组的学习阶段完成后，教师要及时对该小组的学习结果进行评定，评价的方式可以采用传统的考试、测验等方式，也可以采用成果展示、任务完成等新型方式开展评价。小组之间可以采用质疑提问的方式开展互评与自评，小组成员间也可以开展互评与自评。

（七）教师指导

教师指导并不是针对某一特定环节，或者某一特定工作，而是贯穿在从准备到实施再到评价的整个过程，在每个环节中教师都能体现其指导作用，教师虽然不直接参与学习者的具体学习过程，但是要随时监控学习者的学习进程，以保证学习的良好进行，从而保证学习效果的产生。

四、基于网络环境的协作学习应注意的问题

（一）重视网下活动的重要性

基于网络的协作学习并不是所有的学习过程和学习活动都是在网上进行的，所以不能片面地认为这种学习就是让学生上网学习。学习者接触主题、制订计划、小组分工、深入研究等活动都是可以在网下开展，因此在开展基于网络的协作学习中要注意网上、网下相结合。

（二）加强真实感协作活动

基于网络的协作学习，学习者之间的交流和沟通大多数是通过网络进行的，学习者与他的协作伙伴间不易建立真实的亲近感，容易造成协作小组凝聚力不强，从而难免会影响学习的效果。因此可以利用虚拟技术模拟实体小组，小组成员可以拿自己的照片、兴趣爱

好等进行交流和发布，让小组成员有身临其境之感，促进成员之间的相互熟悉，增进成员之间的亲密感，以利于学习活动的顺利开展。

（三）突显指导教师的主导地位

通过对基于网络的协作学习模式的探讨，可以看出教师在整个协作过程中的指导作用是不可忽视的，但是由于在基于网络的协作学习模式中师生通常是分离的，有时会忽视教师的指导作用，教师只关心最后的评价，对整个的协作学习撒手不管，从而使学习者的学习变成放羊式学习，制约了学习效果的产生。因此教师要想办法突显自己的主导地位，促使学习者积极地学习。

第三节 基于资源的主题教学模式

基于资源的主题教学模式是指学习者围绕一个主题，遵循科学研究的一般规范和步骤，通过充分发掘和利用各种不同的资源，在教师的帮助下所进行的系列探究活动。基于资源的主题教学模式的目的是让学习者提高其解决问题、探究、创新等能力，促使学习者的学科素养和信息素养同时得到提升。

一、基于资源的主题教学模式概述

基于资源的主题教学模式的概念包括两方面，即基于资源的学习和主题学习。基于资源的学习是指通过充分发掘和利用各种不同的资源而展开的种学习模式。我们知道，没有资源的教与学是不存在的，而我们为什么要强调"基于资源的学习"呢？原因有三：一是资源的多寡，二是使用信息资源的能力大小，三是使用信息资源意识的有无。随着信息技术特别是网络技术的发展，以及信息资源的极速膨胀，在浩如烟海的信息中找到对自己有用的信息，并对这些信息进行处理已成为现代人的一种基本能力。如果说，以前一个人成功与否主要看其获取信息的多寡，现在就是看其信息处理能力的高低了。如今人们对信息获取的机会趋于均等，获得的信息量多不再成为优势，而关键是看他的信息处理能力。基于资源的学习是培养学生信息处理能力的一种行之有效的方法。

主题学习就是指学习者围绕着一个主题，遵循科学研究和一般规范步骤，为获得解决问题的能力和创新能力而展开的一系列探究活动。主题学习是针对学校教育学科的独立性而提出的，因为一个主题可以与多门学科相联系，能够消解学科之间的孤立，使学科走向融合，同时主题学习能够打破课堂教学的局限，激励学生走出课堂、走进社会、走进自然。

所以，我们探讨的基于资源的主题教学（RBTL）模式其实是基于资源的学习（RBL）和主题学习（TL）相互整合而形成的新型教学模式，是围绕主题而展开的基于资源的学习过程。在这个过程中，既强调资源的获取、选择、利用和评价，又强调学生实际能力的提高，特别是解决问题的能力、创新能力以及信息素养等的提高。从而使学生在主题学习的过程中，既达到解决问题的目的，又达到信息素养的提升的目的。

二、基于资源的主题教学模式构建

基于资源的主题教学模式如图 6-2 所示。

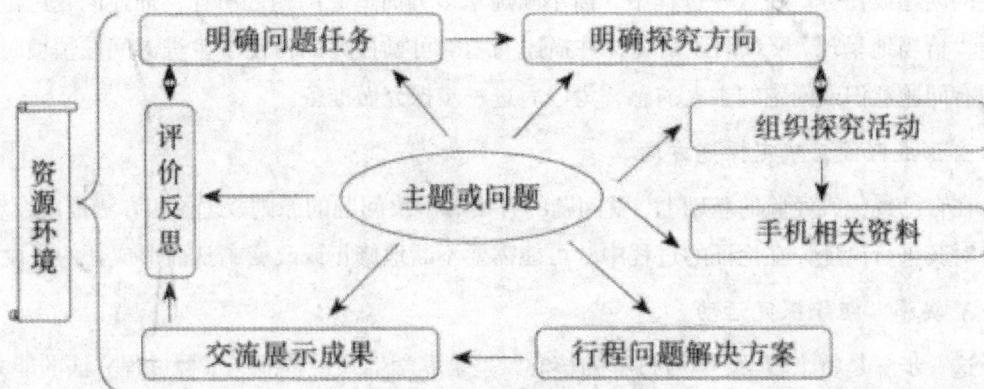

图 6-2 基于资源的主题教学模式

从模式图中，我们可以看出，中心椭圆表示主题或问题，外围圆角矩形表示活动探究过程，评价反思也在整个学习过程中。教师掌握着整个活动流程的"开关"，当教师决定组织学习者进行一次主题学习活动时，把"开关"合上，即可开始基于主题或问题的学习。将这一过程置于资源环境中，学习者在学习过程中就可以把与主题相关的资源从所有资源中筛选出来，为达到学习目标所用。在主题活动探究的过程中，教师作为支持者帮助学生进行自主探索。

三、基于资源的主题教学（RBTL）过程阐述

基于资源的主题教学（RBTL）的整个过程，是以主题开发为前提，以活动探究为核心，并通过不断评价反思优化整个学习过程的一个系统过程。其中主要包括三个环节：主题开发、活动探究和评价。

（一）主题开发——RBTL 的前提

主题是基于资源的主题教学模式中的核心概念。主题是指整合教学目标的、跨学科的学习内容或学习任务。在整个 RBTL 过程中，活动都是围绕主题而展开的，主题开发的优劣直接影响着教学效果。为使学习者在学习过程中具有主动性，应调动学生学习的积极性，并且我们提倡主题由师生共同开发，并建议在主题开发的过程中要求主题具有亲和力、跨学科性、开放性、挑战性和实践性，同时主题还应当整合知识技能、过程方法和情感态度与价值观目标，以使学生在学习过程中获得知识、培养能力和发展情感水平。

（二）活动探究过程——RBTL 的核心

主题一旦确定，学生便在教师的指导下进入实质性的学习过程，过程具体可分为以下几步：

1. 明确问题，阐述问题情境

主题在确定时只是一个比较笼统的概念，还需将其转化为一个或多个待解决的、可操作性的问题或任务。在这一过程中，需不断地从多方面追究问题之所在，描述问题产生的情境，恰当地呈现 / 模拟问题情境，并描述问题的可操控方面，使学生进入问题情境时能够拥有问题意识或问题的主人翁感，为以后进一步探究做准备。

2. 形成假设，确定探究方向

在自己或他人经验的基础上，就问题的答案和解决问题的原则、途径和方法提出设想，然后对其进行论证，在论证的过程中，可能需要不断地修正或改变，从而形成新的假设。

3. 实施、组织探究活动

这一步骤是整个教学 / 学习过程的核心，是培养学生知识技能、掌握过程方法的能力、情感态度与价值观的关键，教师可以根据学习目标组合多种活动进行教学，让学生获得直接的学习体验。

4. 收集、整理资料，找出资料的意义

大部分活动的实施是一个收集、整理资料的过程。资料的收集、整理是有目的的，只有找到资料的意义，才能使资料产生最大的用途。

5. 形成问题解决方案

由于解决问题需要学习者建立多个问题空间，问题解决者必须将问题空间之间的认知或情境联系点结合起来，因此应确定并阐明问题求解者的多种意见、立场和观点，生成多个可行的问题解决方案。需要收集充分的证据来支持或反驳各种观点，以支持自己或他人的论点；需要讨论和阐述个人观点，评价各种解决方案的可行性，以便最终在最佳的行动方案上达成一致意见。

6. 探究结果展示 / 交流

根据探究内容展开相应的展示和交流活动，主要有报告、角色扮演以及辩论三种方式。

（三）评价——RBTL 的保障

RBTL 评价提倡综合性评价与过程性评价，倡导评价内容的丰富性与评价方式的多样性。在 RBTL 活动过程中，通过充分恰当的探究，有利于培养学习者的综合素质，如问题意识、科学素养、信息素养、创新能力、实践能力、自主 / 协作能力和反思能力等。在教学效果价值取向方面，RBTL 评价比较关注学生的问题意识、反思能力和探究能力的发展。

1. 问题意识

问题的确定非常重要，因为它是开展基于资源的主题学习活动的过程中非常关键的一步。学生能否发现问题，取决于学生的问题意识强不强。学生问题意识的强弱，主要从学生的观察力、认知兴趣和求知欲以及丰富的知识经验这三个方面来评价。

2. 探究能力

探究能力是基于资源的主题学习活动所培养的核心能力，在探究的过程中重点培养学生的信息素养、自主能力、协作能力、学习策略、批判性思维能力等。

3. 反思能力

除了教师、家长、专家等人员对学生学习效果进行评价之外，还需要学生对自我学习效果进行不断反思。反思是一个反省的过程，也是一个自我评估的过程。反思主要是指对前一阶段的学习任务进行反思，从而获取反馈，了解自己所获得的知识，知道自己的不足，并明确改善措施。

第四节 基于问题的信息化教学模式

基于问题的信息化教学模式是信息化环境中的一种以问题为驱动，以培养学生的问题意识、批评性思维习惯、生成新知识的能力以及独立学习的能力和团队合作的品质为宗旨和目标，强调学生学习的主体参与性的教学模式。在实施教学的过程中，要突出学生的主体性，让其能积极主动地参与解决问题的全过程；要注重问题的优化设计，引导学生的开放性思维，激发学生对新问题的挖掘；要关注过程的实施，引导学生对所学知识进行选择、判断、运用，从而有所发现、有所创造；要同实际问题相结合，培养学生解决实际问题的实践能力和创造性思维；要加强学生体验的严肃性和对经验的积累，使学生学会树立批判意识和尊重事实的观念体系；要加强学生的合作意识，促使学生在合作过程中取长补短，培养其集体观念和协作习惯；要增强学生在学习中尝试应用相关信息技术手段来获取、加工、处理有价值的资料的能力。

一、基于问题的信息化教学模式概述

基于问题的信息化教学模式是一种探究式教学模式。探究式教学模式是在 20 世纪 50 年代由美国芝加哥大学的施瓦布教授在"教育现代化运动"中倡导提出的。他认为学生学习的过程与科学家的研究过程在本质上是一致的，因此学生应像"科学家"一样，以主人的身份去发现问题、解决问题，并且在探究的过程中获取知识、发展技能、培养能力特别是创造能力，同时受到科学方法、价值观的教育，并发展自己的个性。

可见，基于问题的信息化教学模式实际上就是以学生为主体的教学模式，其宗旨是培养创造性人才。因此，在教与学的关系上，应正确处理"教师主导"与"学生主体"的辩证关系，重视发挥教师和学生双方的主动性，并强调学生的主体地位；在教学组织上，应适当突破单一的班级授课制，辅之以分组教学和个别教学，以发展学生的个性，做到因材施教；在课程结构上，应强调学科之间的相互渗透与综合，以培养通才；在教学内容上，应处理好传统与现代、继承与创新的关系，力求教材建设适应当代科技发展的新潮流，及时吸收当今科技发展的新成果；在教学方法上，应主张应用建构主义教学理论，强调使用"任务驱动"法、研究法、发现法等教学方法，并根据不同的教学内容和教学目标，重视多种教学方法的优化组合。

二、基于问题的信息化教学模式的特征

（一）学生的探究活动是在教师预先设计好的具体步骤中展开的

学生需要学习的新知识，不是由教师直接抛给学生的，而是将学生所要学习的新知识隐含在一个或几个问题之中的，学生通过对所提供的问题进行分析、讨论，明确大体涉及哪些知识或需要解决哪些问题，在教师的指导、帮助下找出解决问题的方法，并经过探究，最后通过问题的完成去实现对所学知识的意义建构。

（二）学生通过探究活动获得新知识并培养能力

探究教学不是先将结论直接告诉学生，再让学生加以验证，而是让学生通过各式各样的探究活动诸如观察、调查、制作、收集资料、上机设计等亲自得出结论，使他们参与并体验知识的获得过程，建构起对知识的新认识，并培养其科学探索的能力。

（三）基于问题的探究式教学模式注重从学生已有的经验出发

对学生认知理论的研究表明，学生的学习不是从空白开始的。已有的经验会影响现在的学习，教学只有从学生已有的知识和生活实际出发，才会激发学生的学习积极性，学生的学习才可能是主动的，否则就很难达到预期的教学目标。

（四）基于问题的探究式教学模式重视协作学习

在该模式中，常常需要分组制订工作计划、分组调查和收集资料，需要讨论、争论和意见综合等协作学习。

（五）基于问题的探究式教学模式重视形成性评价和学生的自我评价

该模式教学的评价要求高，如它要求评价每一名学生理解哪些概念、能否应用知识解决问题、能否设计并实施探究计划、能否独立完成问题、小组协商、参与态度是否积极等。要弄清这一切，单靠终结性评价验证是难以奏效的。该模式在重视终结评价的同时，也很

重视形成性评价，与此同时，还注重学生的自我评价和师生互评。

三、基于问题的信息化教学模式各要素间的优化

基于问题的教学模式是指以问题为中心，学生对其进行积极主动的探究，领悟其实质，并把握规律的教学模式。在具体实践的过程中，其做法是：让学生在一个问题的驱动下通过自己的观察、思考、上机来发现知识，并加以创造性的应用，建立相应的认知结构。教师的作用在于根据教育目标对学生施加积极的影响，充分调动学生的积极性、主动性，使其参与到学习的全过程，使学生用自己的思索和内心的体验去创造、去发现知识和规律，同时发展他们自己的个性。

（一）学习者特征分析

根据本课教学任务，首先要对学生进行分析。因为学生是学习的主体，是意义的主动建构者。从哲学角度来看，学习者是内因，外界影响是外因，内因是事物发展变化的决定因素，外因通过内因起作用。这就可以说明为什么在同一课堂中，教师实施同一教学，但不同学生的学习结果却存在着差异。为了取得较好的教学效果，就必须充分地了解学生的特征，并进行有针对性的设计。学习者特征分析涉及智力因素和非智力因素两个方面。与智力因素有关的特征主要包括知识基础、操作能力和认知结构，和非智力因素有关的特征则包括兴趣、动机、情感、意志和性格。

对学习者的分析，主要目的是设计适合学生能力与知识水平的学习问题，提供合适的帮助和指导，设计适合学生个性的情境问题与学习资源。

（二）教学目标分析

教学是促进学习者朝着目标所规定的方向产生变化的过程，它贯穿于教学活动的始终。分析教学目标是为了确定学生学习的主题，首先要考虑学习者这主体。教学目标不是设计者或教学者施加给学习过程的，而是从学习者的学习过程中来的；其次，还应尊重学习主体的内在逻辑体系特征。因此，教师在课前各课时首先就要分析本课的教学目标，确定教学的核心问题，明确学生需要探究什么、领悟什么。

（三）学习内容特征分析

学习内容是教学目标的知识载体，教学目标要通过一系列的教学内容才能体现出来，即在解决问题的过程中达到学习的目的。那么我们设计的问题是否会体现教学目标？如何来体现？这需要我们对学习内容做深入分析，明确所需要学习的知识内容、知识内容的结构关系以及知识内容的类型，这样在后面设计时，才能很好地涵盖教学目标所定义的知识体系。

（四）设计问题

这里所说的学习就是基于问题的探究、学习的过程，就是解决问题的过程，问题构成了学习的核心，学习者应以问题来驱动学习。提出问题，是本教学模式的核心和重点，它为学习者提供了明确的目标，其他补助设计使得任务更加明确、具体，使得学习者解决问题成为现实的可能，使得学习者在解决问题过程中确实能够达到教学目标的要求。学习情境设计，有助于将问题置于任务环境中，这有助于学生知识与能力的迁移，有助于学生对问题的理解和可行性方案的提出。认知工具帮助学习者解释和把握问题的各个方面。

（五）学习资源设计

学习资源是指提供与问题解决有关的各种信息资源（包括文本、图形、声音、视频和动画等）以及从 Internet 上获取的各种有关资源。学生的自主探究性学习、意义建构是在大量信息的基础上进行的，所以必须在学习情境中嵌入大量的信息。丰富的学习资源是学生学习的一个必不可少的条件。另外还要注意怎样才能从大量信息中找寻有用信息，避免信息污染，因此教学设计中要建立系统的信息资源库，提供引导学生正确使用搜索引擎的方法。

（六）提供认知工具

认知工具是支持、指引、扩充使用者思维过程的心智模式和设备。在现代信息技术学习中，当然就是指与通信网络相结合的计算机了，学习者可以利用它来进行信息与资源的获取、处理、编辑、制作等，并可用其来表征自己的思想，替代部分思维，与他人协作等。

（七）管理与帮助设计

在本课题的教学模式中，学生是学习的主体，但并没有无视教师的指导作用，在任何情况下，教师都有控制、管理、帮助和指导的职责。教师需要在学习环境中确定学习任务，组织学习活动，给学生提供帮助和指导，引导学生正确地使用认知工具。教师是教学过程的组织者、指导者、意义建构的帮助者、促进者。

在传统的教学中，课堂教学管理包括：合理安排课程内容、最大限度地发挥教学资源的作用、调动学生的积极性等。但在此模式中，教师由舞台上的主角变为幕后导演，这一改变极具挑战性，它对老师提出了更高的要求。学习过程是一种发散式的创造思维过程，不同的学生所采用的学习路径、所遇到的困难也不相同，运行时面对不同情况要做出适时反馈。在学习中，面对丰富的信息资源，易出现学习行为与学习目标相背离的情况，教师要在教学实践中设置关键点，规范学生学习，从而也有利于学生反思、升华所学知识的意义建构。

（八）学生探究学习

课堂上教师引导学生围绕问题进行探究以获得更深的领悟。具体的探究活动一般又可分为几个步骤：一是思维探究，教师可让学生预览或进行简单提示，让学生形成初步的思维；二是上机探究，通过学生独立探索发现以获得知识；三是应用探究，是学生根据自己"发现"的知识，经过上机确认，宣告完成任务，这步可分为个别探究或小组协作探究。

（九）成果展示，师生互评

这是非常关键的一步，通过示范或成果展示，教师可以了解学生本堂课或此阶段探究学习的效果。学生个人探究学习的效果，可以用转播示范的方法让他们示范给其他同学。如果是小组合作或个人完成的电子作品（如网页、Word 文档、PPT、动画等），也要转播展示给全班同学，但在评价时要注意以下几点：

首先，教师要实现评价形式多元化，既要进行终结性评价，更要开展过程性评价。此外，教师还可以通过让学生在小组协作研究过程中记录一些相应的原始数据，例如记录一些资源网站，一些图片、动画的来源，文稿的始创等；

其次，教师要实现评价内容多元化。不仅要注重作品的精美程度或技术程度，如图片清晰度、色彩搭配、排版布局、技术含量等，还要注意电子作品的选题、创意等方面；

最后，教师要实现评价主体多元化。特别是对小组协作的作品进行评价教师要让学生个体、小组等都成为评价主体，可以进行小组自评、小组互评、教师评价。

（十）总结与强化练习

适时地进行教学总结可有效地引导学生将自学的、零散的知识系统化。但总结时不能太细，可简明扼要地串讲知识体系，否则会重蹈传统教育的覆辙，限制学生的思维。总结之后，应为学生设计出一套可供选择并有一定针对性的补充学习材料和强化练习，巩固其所学知识。练习是培养学生能力、发展智力的有效措施之一。课堂上的巧"练"更能激发学生的探索兴趣，同时又为学生提供了再探究的机会，通过练习，一方面可以反馈学生的学习情况，同时也为完成形成性评价提供了合适的评价内容和评价时机。

第七章 "互联网+"背景下高职机电类专业教师信息化教学能力

面对全球信息化的浪潮,世界各国高度重视社会信息化建设。加快教育信息化的建设与发展,提高公民的信息化能力与素质,培养适应信息化社会发展的人才,以增强本国的科技竞争力,整体提升综合国力,是各国追求的目标。社会信息化离不开教育信息化,教育信息化不能没有教师的积极参与。世界各国在教育信息化进程中,都对教师教育信息化发展给予了高度重视。没有教师教育信息化,就不会有教育信息化的改革与发展,教师信息化教学能力的培养是教育信息化的关键环节。

信息化教学能力,是以促进学生发展为目的,利用信息资源,从事教学活动、完成教学任务的综合能力。教师的信息化教学能力发展的目的是促进学生的发展,所利用的信息资源是介入教学中所有技术作用下的信息化教学资源,教师信息化教学能力是一种综合能力,它由若干信息化教学子能力构成,是信息化社会中教师专业发展的核心能力。

第一节 教师信息化教学能力概述

一、信息化社会与教师专业发展

(一)基础教育改革对教师的要求

我国新一轮基础教育课程改革对教师的教学观念、知识结构、教学方式、教学能力等提出了新要求。新一轮基础教育课程改革,改变注重知识传授的倾向,强调形成学生积极主动的学习态度,从而要求教师由单一的知识传授者成为满足不同学生学习要求的帮助者、指导者、促进者,要求教师能够培养学生的创新精神与实践能力,培养学生终身学习的意识与能力,培养学生良好的信息素养。新一轮基础教育课程改革,使课程结构从单一走向多样、从分科走向综合。在信息化社会里,教师已不再是教学中唯一的知识来源,教学信息资源来源已多元化,教师的课堂教学权威已经被解构,从而要求教师具有新的课程观教学信息资源观,要求教师从权威的课程执行者成为学习环境的创建者及教学信息资源的收集者、开发者和设计者。

新一轮基础教育课程改革，改变了学生的学习方式，体现了学生学习的主体性、参与性、探索性，要求全面发展不同学生的学习能力。要求教师转变教学方式，加强与学生的教学交往，培养学生搜集和处理信息的能力、获得新知识的能力、分析和解决问题的能力以及交流与合作的能力。新一轮基础教育课程改革，要求改变教学评价方式，改变传统评价过于强调的甄别与选拔，评价要促进学生的全面发展，倡导多元化的评价方式。课程改革对教师提出了各种要求，需要教师具有新的课程观，对教师的知识结构和能力素质提出了更高要求，需要教师转变传统教学方式，加强教学交往能力，教师教学能力的提升要促进不同学生的发展等。

（二）教师专业发展对教师的期待

教师专业发展是目前教育领域普遍关注的话题之一，教学能力发展是教师专业发展的核心。教师专业发展期待教师具有终身学习的意识与能力，动态地实现自身知识的更新以及教学能力的提升。要培养学生的创新精神与实践能力，首先需要发展教师的创新意识与应用实践能力，只有创新型的教师，才能培养出创新型的学生。教师专业发展需要教师具有一定的教学交往能力，既包括教师之间的教学对话、合作，以形成教师教学的集体智慧，也包括教师与学生之间的交流合作，以更好地完成教学，促进学生的全面发展。教师专业发展期待教师角色转变，由知识的传授者转变为学生学习的帮助者、指导者和促进者。教师专业发展不仅仅要求教师具有一定的教学能力，同时还需要教师有一定的学习资源开发能力和教学研究能力，尤其是教学研究能力。教师只有在教学实践中研究总结，才能有针对性地反思自己的教学，提高自身分析问题与解决问题的能力，从而有效地提升教学能力在教学中研究，以更好地促进教师的专业发展。

（三）信息化社会对教师的挑战

教育信息化是社会信息化的重要组成部分，而教师教育的信息化发展，则是教育信息化发展的关键环节，也是促进教育信息化的重要力量。信息化社会中，教育思想、教学内容、教学方法等都发生了变革，对教师的知识体系和能力素质提出了挑战。

信息化社会中，教师的专业发展受到普遍关注和重视，世界各国都相继公布了教师有关教育技术的能力标准，开展了大量教师教学中信息技术应用能力发展的项目，为信息化社会中教师的教育技术能力发展提供了帮助与支持，在一定程度上，也规范了教师教育技术能力的培训与资格认证，如美国针对未来教师的PT3项目、英国教师的ICT培训、新加坡的MP项目、韩国教师的LCT素养培养、英特尔未来教育项目等。同时，联合国教科文组织也颁布了《信息和传播技术教师能力标准》，美国先后四次修订《面向教师的美国国家教育技术标准》，英国政府公布了《ICT应用于学科教学的教师能力标准》，信息化社会中教师的专业发展受到世界各国的普遍关注，对教师的专业化发展也提出了挑战。

二、教师信息化教学能力的特点

教师的信息化教学能力，是教师在教学过程中，运用信息技术开展教学活动和完成教学任务的一种重要的特殊能力，它是由一组能力组成，包括若干子能力。教师信息化教学能力是建立在教师信息化实践知识基础之上的，要在一定的信息化情境中形成和发展。教师信息化教学能力主要的特点有：

（一）信息化教学能力的复合性

信息化社会对教师教学能力的要求，已不再局限于单一的传授知识和技能。教师的信息化教学能力既有传授知识、技能方面的能力，也有教学技术、技术化的知识内容、技术化的教学方法、技术化的协作教学等方面的能力要求；既有促进教师教学能力发展方面的能力，还包括促进不同学生信息化学习能力发展的要求；既有初级的信息化教学能力要求，又要具备更高层次的信息化教学能力素质。传统社会中教师的教学能力同样具有复合性的特点，但信息化社会中，由于信息技术要素的动态介入，使得教师的信息化教学能力更为复杂多样。尤其是现代社会教学信息来源多元化、学习资源环境数字化，使得教师的权威地位以及在教学中应发挥的作用发生了很大的转变。在信息化的学习环境中，对教师驾驭教学的能力提出了更高要求，期待教师的教学能力素质趋向于更加全面化的发展。教师不仅要有信息化教学知识内容的传授能力，更要具备促进不同学习风格和不同学习策略的学生实现信息化学习的能力，使因材施教在信息化社会中得以真正实现。因此，信息化社会中，教师信息化教学能力呈现出综合化、多层次化的特点，具有明显的复合性特点。

（二）信息化教学能力的关联性

教师信息化教学能力是由一系列子能力构成的，但各个子能力又是相互联系、相互影响、相互作用、彼此关联的。首先，基本的教学能力具有能力发展的基础性。教师的信息化教学能力是建立在一定的教学能力基础之上的，如驾驭学科教学内容的能力、教学法的相关能力、基本的教学技术能力等，都是教师信息化教学能力发展的基础能力；其次，信息化教学的相关学科内容能力、信息化学科教学法相关能力等的形成与发展，也是教师将教学技术、学科教学内容以及学科教学法融合的过程，体现出能力形成与发展的融合性特征；第三，信息化教学能力发展中不同阶段的能力素质具有一定的递进性。教师的信息化教学能力素质，在不同的信息化教学能力发展阶段有不同的侧重。信息化社会中教师的各种教学子能力，只有通过在动态的发展中寻求新的平衡与协调，才能良性动态地形成与发展。

（三）信息化教学能力的发展性

首先，为了适应不同的、复杂的信息化教学情景与信息化教学实践，以满足不同的学习对象的不同学习发展与能力要求，需要教师信息化教学能力动态地形成与发展，以适应动态发展变化的要求；其次，信息化社会中，信息技术更替周期逐步缩短，由此而形成的信息化学科教学与相关的教学方法，也同样需要不断发展变化，以满足相关教师教学能力变化发展的需求，适应新技术、新工具、新方法带来的变革。正是由于信息技术的时代发展引起信息教学能力的动态更新与发展，所以需要教师主动适应这种动态变化的发展；再次，课程教学的改革与发展也需要信息化社会中教师能力的调整与改变，以适应教学改革与发展对教师能力结构提出的新要求，需要教师动态调整与发展完善自身的教学能力结构；最后，信息化社会中，教师自身的专业发展本身也是动态的、终身的。教师的专业化成长，需要教师在不同的职业发展阶段，不断完善和发展自身的教学能力结构。教师信息化教学能力的发展是有指向的，指向教师信息化教学智慧的创造，这种发展是终身的。

（四）信息化教学能力的情境性

教师信息化教学能力的形成与发展需要一定的信息化教学情境实践，是在一定信息化教学情境实践中呈现出来的一种特殊的能力形式，具有明显的情境性特点。同一教学对象同一教学内容，在不同的信息化教学情境实践中开展的学习活动，需要教师有不同的信息化教学能力去适应，以达到开展相应教学活动的目的。教师信息化教学能力不能脱离一定的信息化教学情境中主体实践的体验而单独存在，教师信息化教学能力的体现与发展，必须是在一定的信息化教学情境体验中完成的，没有信息化教学情境的实践性体验，就不会有教师信息化教学能力的发展。教师不仅要具有适应不同信息化情境中主体实践体验的能力要求，更重要的是，教师需要将不同信息化情境中教学的知识能力素质迁移到其他相关的信息化教学情境中，从而促进教师信息化教学实践能力的发展。

第二节　教师信息化教学能力构成

一、教师信息化教学能力的知识体系

信息化社会中教师教学能力的知识结构具有明显的层次性。依据教学中对教师教学能力的不同要求，我们将教师信息化教学能力的知识分为三个层次；第一层次包括学科知识、一般教学法知识、学科教学法知识和教学技术知识，这四类知识是教师信息化教学能力的知识基础；第二层次包括信息化学科知识和信息化教学法知识，这两类知识是教师信息化教学能力的知识主体；第三层次包括信息化学科教学法知识，是教师信息化教学能力的最高知识要求（表7-1）。

表 7-1　教师信息化教学能力知识体系

教师信息化教学能力知识体系	具体知识内容
知识基础	学科知识、教学法知识、教学技术知识
知识主体	信息化学科知识、信息化教学方法知识
最高知识要求	信息化学科教学法知识

第一层次的知识是教师信息化教学能力的知识基础，具体知识内容包括：学科知识，主要指教师所从事学科专业的知识、概念、理论、方法以及相关联的学科理论内容等，是教师从事学科教学的专业知识准备；一般教学法知识，主要指教学的一般性原理、策略和方法等，可以完成教学的准备、教学的实施、教学的管理、教学的评价以及对教学目标和教学过程的认识等，以促进教师教学和学生学习的一般性的教育教学知识；学科教学法知识，主要是学科知识和一般教学法的综合，这也是舒尔曼提出并得到广泛认可的知识，涉及对学科知识的表达、传输以及呈现等，以方便教与学的过程；教学技术知识，主要指广义上教学媒体和教学手段的应用知识，既包括教科书、粉笔、黑板、模型、教具等使用的技能，当然也包括幻灯、投影、广播、电视、计算机、互联网等应用的硬件知识与技能。

第二层次的知识是教师信息化教学能力的知识主体，具体知识内容包括：信息化学科知识，主要指教学技术与学科知识相互融合后的知识，教学技术使学科知识以信息化的方式更方便、更灵活地表达、呈现与扩展。当然，也可以根据具体的学科内容选择合适恰当的教学技术；信息化教学法知识，主要指教学技术与一般教学法融合后产生的新知识。教学技术介入教学过程后，教学中的要素发生了变化，在教学技术的作用下，既会巩固拓展原有的教学法，也会因此产生一些新的教学方法，如网络环境下的探究式教学、协作教学以及基于信息技术环境的情景教学等。

第三层次的知识是教师信息化教学能力的最高知识要求，具体内容包括：信息化学科教学法，主要指教学技术与学科知识、一般教学法融合后产生的一类特殊的知识，是教师信息化教学能力的最高知识要求，也是教师信息化教学能力发展中，教师获得知识的最高境界与追求。这类知识已经超越了学科知识、教学法知识、教学技术知识的各自内涵，是三类知识的融合与动态平衡，可以在具体的学科教学中，运用合理恰当的教学技术，设置适合学生学习的信息化教学情境，拓展教师的信息化教学，以更好地促进教师信息化教学能力的发展，促进学生信息化学习能力的发展。

教师信息化教学能力的知识核心则包括教学技术知识、信息化学科知识、信息化教学法知识以及信息化学科教学法知识四个方面。

二、教师信息化教学能力的结构

知识是能力的基础，知识需要转化为能力。能力是知识的目的，是运用知识解决问题的能力。能力的体现既要综合运用知识，又要分析解决具体问题。教师的信息化教学能力，是信息化教学能力知识体系与信息教学实践的有机统一。教师的信息化教学能力可以划分为六种子能力：信息化教学迁移能力、信息化教学融合能力、信息化教学交往能力、信息化教学评价能力、信息化协作教学能力，核心是促进学生信息化学习能力。

（一）信息化教学迁移能力

教师信息化教学迁移能力的实质主要有两个方面：一是不同信息化教学情境中的教学适应能力迁移，即横向迁移；二是信息化教学知识技能的转化迁移，即纵向迁移。教师信息化教学迁移能力是教师信息化教学能力的基础能力，也是教师信息化教学能力可持续发展的重要条件。

1. 信息化教学纵向迁移能力（转化迁移）

主要指教师将学习获得的知识技能应用于解决信息化教学中的实际问题，应用于现实的信息化教学活动中的能力。教师通过学习所获得的信息化教学知识与技能，需要将其应用于实际的信息化教学情境中，解决现实中的各种信息化教学问题。对于信息化问题的有效解决，就需要通过迁移，从这个意义上看，迁移也是信息化教学知识技能向信息化教学能力转化的关键。通俗地说，就是学以致用。

2. 信息化教学横向迁移能力（适应迁移）

一种信息化情境下的教学活动，在另外一种新的信息化教学情境中未必适用。信息化教学横向迁移能力主要指教师将一种信息化教学情境中的教学经验创造性地应用于其他新的信息化教学情境中的能力，是教师对原有信息化教学能力结构的拓展与延伸。在信息化教学情境中，教师对教学情境的把握、教学活动和教学方式的策略选择、教学媒体的应用、教学活动的程序等，都要依据自身的相关教学经验和借鉴他人的成功做法。通俗地说，就是举一反三、触类旁通。

（二）信息化教学融合能力

信息化教学融合能力具体包括三个方面的能力：

1. 信息化学科知识能力

信息化学科知识能力即信息技术与学科知识的融合能力，信息技术与学科知识相互融合，会形成学科知识的新形态。原有学科知识形式的新呈现、内容的新拓展，是需要教师将学科知识信息化的一种能力要求。

2. 信息化教学法能力

信息化教学法能力即信息技术与一般教学法的融合能力。是信息技术与一般教学法相互融合后，形成的一类新的知识类型，需要教师具备将信息技术与一般教学法融合同时还需要教师能够驾驭信息化情景中的一些基本的教学原理、方法与策略等。

3.信息化学科教学法能力

信息化学科教学法能力即信息技术与学科教学法的融合能力。信息技术与学科知识、一般教学法相互作用形成的一种特殊知识形态，需要教师具备教学技术知识、学科教学法知识，当然更需要教师将教学技术与学科教学法融合的能力。只有将信息技术与学科内容知识、教学法相互融合，发挥各类知识内容与各种方法策略的优势，才能使教师在新的学科知识形态和新的学科教学方法与策略的基础上，实现教学效率和效果的有效提高，才能使教师的信息化教学能力得以有效提升，从而促进不同学生学习能力的全面发展。

（三）信息化教学交往能力

信息化教学交往能力，是指教师和学生在信息化教学情境中，彼此交换思想与感情，促进师生间的交流与沟通，以实现学生能力发展为重要目标的一种教学能力形式。信息化教学交往能力是教学活动中师生的信息化互动，是信息化的教学交往实践，体现了教学中教师与学生之间的关系。信息化社会中的教学既是知识、技能的传授，更是学生学习能力发展的促进，因此需要教师与学生间有效地交往。信息化教学中的教学方式体现出选择化和互动化的特点，相应的，学生的学习方式也走向了合作、对话、交流、探究与实践等。

教师的信息化教学交往能力包括课堂信息化教学交往能力和虚拟信息化教学交往能力。

1.课堂信息化教学交往能力

课堂信息化教学交往能力是指在课堂信息化教学情境中，教师与学生的教学交往能力。在课堂信息化教学情境中，需要实现师生之间的多元化教学交往，需要定位师生之间新的教学交往关系与角色。教师是信息化情境中学习过程的设计者、学习资源的开发者学习活动的组织者、引导者和管理者，学生是积极主动的学习者。在课堂信息化教学情境中，教师要与学生实现信息化的交流与沟通，实现与学生的平等对话。教师也要对学生的信息化学习过程进行指导，让学生在信息化环境中学会学习。教师还要对课堂的信息化教学活动合理协调，保证课堂信息化教学活动的有序顺利开展，教学协调能力，是教师课堂信息化教学交往得以有效进行的保障；教师的课堂信息化教学交往能力，是促进教师有效教学和学生有效学习的重要能力。

2.虚拟信息化教学交往能力

虚拟信息化教学交往能力是指在虚拟的信息化教学情境中，教师与学生的教学交往能力。信息化教学交往能力，在更多意义上指的是虚拟信息化教学交往能力，在虚拟的学习环境中，师生之间的有效教学交往是保障学生学习顺利开展的前提条件。

在内容上，虚拟信息化教学交往能力，主要包括教师为学生提供虚拟学习环境中的学习支持，监控学生在虚拟学习环境中的学习行为，对学生学习中遇到的各种问题，能够通过虚拟的学习环境提供尽可能的帮助。在形式上，虚拟信息化教学交往能力，主要包括教师与学生个体之间的虚拟信息化教学交往，教师与学生群体之间的虚拟信息化教学交往，学生与学生之间的虚拟对话交流与合作交往等，实现多元化的信息化教学交往。

（四）信息化教学评价能力

教师的信息化教学评价能力，主要是指教师对信息化教学和学生的信息化学习作出合理的价值判断，调适信息化情境中的教学行为，规范指导学生的学习行为，以实现教学程的优化。信息化教学评价，既关注对教师的教学评价，更强调针对学生的发展和学生整体素质提高的评价；既关注结果的评价，更强调过程的动态评价。信息化教学评价体现出发展的、全面的、多元的、动态的特点。教师的信息化教学评价能力可以分为两类：学生信息化学习的评价能力和教师信息化教学的评价能力。

1. 学生信息化学习的评价能力

信息化社会中的教学评价，既要关注学生个体的发展和个体的差异，同时也要关注信息化情境中学生创造性的学习能力和综合素质的提高；既要关注对学生信息化学习中知识技能的评价，也要关注对学生信息化学习中实践能力发展和情感培养的评价，实现从单一的评价方式向促进学生全面发展的评价方式的转变。学生信息化学习的评价具有很强的导向性，强调以促进学生信息化学习能力的发展、创造性实践能力的提高为评价的主要价值取向。

2. 教师信息化教学的评价能力

关于教师信息化教学能力的评价，关注以促进教师有效教学为目的的教师信息化教学质量评价，是相对注重结果的评价，更加强调以促进教师专业发展为出发点的发展性评价，以帮助教师不断提高自身的教学能力和相关业务水平，实现针对教师信息化教学的过程性动态评价。

（五）信息化协作教学能力

传统意义上的教师协作教学，一般是指教师在备课、教学观摩、教学活动、科学研究等方面的有效协作。信息化社会为教师协作教学提供了可能，拓展和延伸了教师协作教学的能力。

联合国教科文组织《信息和传播技术教师能力标准》在"知识深化办法"模块中，提出"教师应能够运用网络资源来帮助学生开展协作、获取信息和与外部专家进行沟通，以分析和解决特定问题。"就教师的职业发展方面，强调"教师必须具备技能和知识，以创设和管理复杂的项目，并与其他利用网络来获取资料的教师、同事和外部专家合作，促进自身的职业发展。"同时，联合国教科文组织《信息和传播技术教师能力标准》在"知识创造办法"模块中，进一步强调"教师必须能够打造基于信息和传播技术的知识团体，并运用信息和传播技术来支持培养学生的知识创造技能及其持续不断的反思型学习。"对于教师的职业发展，进一步提出了"教师应能够发挥领导作用，训练同事，并建立和执行一个关于其学校的远景：一个以创新和持续学习为基础并因信息和传播技术而更加丰富多彩的社区。"

美国《面向教师的美国国家教育技术标准》（2008 版）中也明确提出，教师应能够"与学生、同事、家长及社区成员合作使用数字化工具和资源，支持学生有效学习和创新能力发展。"应能够"使用各种数字化时代的媒介和方式与学生、家长及同侪就一些信息和想法进行有效沟通。"

信息化社会中，教师需要发展信息化教学协作能力与信息化教学集体智慧，需要利用数字化网络资源与同事、专家合作，打造基于信息和传播技术的集体教学知识和多元化的集体教学能力，以支持学生的有效学习和创新能力的发展，同时促进教师自身的职业发展。有关教师信息化教学协作能力的相关研究，各个国家目前已开始广泛关注，也是当前教师信息化教学能力发展研究的新领域，是各国对教师相关教育技术能力的新要求。

（六）促进学生信息化学习能力

信息化社会对教师的教学能力提出了新要求，学生相应的学习能力也发生了变化。以往的相关研究注重信息化环境中，教师有效教学能力的提升和对于教师专业发展的促进。目前，人们更多地把研究的问题聚焦于学生的能力发展方面。也就是说，教师教学能力的发展是为了促进学生学习能力的发展，从各个国家的有关教师教育技术能力标准的要求中，都能看到这种变化趋势。我们也认为，教师信息化教学能力的发展，是为了促进不同学习风格和策略的学生信息化学习能力的发展。换句话说，虽然关注的是教师的信息化教学能力的发展，但发展这种能力的目的是为了促进学生信息化学习能力的发展。因此，我们在关于教师信息化教学能力的结构图中，将"促进学生信息化学习能力"放在了其他教师信息化教学系列子能力中间，其他子能力的发展是为了促进学生信息化学习能力的发展，是为了促进具有生命活力的人的全面和谐发展。

第三节 教师信息化教学能力现状

一、教师信息化教学能力存在的问题

当前随着高等教育改革的深入，高等教育逐渐向大众普及，提高高等教育的质量、提升教师自身教学水平以及科研水平的要求已摆在眼前。尤其是高职院校，其教学硬件及生源质量与其他高校有不小的差距，这就要求高职院校教师必须进一步提高自身的教学能力，使其能有效面对客观教学环境，提高信息化教学能力是其中主要的方式之一。但是当前高职院校信息化教学能力的发展还处于初级阶段，没有形成系统的信息化教学能力发展构架。当前高职院校教师提升信息化教学能力主要有以下几个方面的问题：

（一）重理论，轻实践

由于受传统教育思想和模式的影响，我国教育中一直存在着重知识轻能力、重理论轻实践的现象，多数教师都把实践教学放在次要的位置，对实践教学重视不够。因此，在这种教育理念指导下，教师往往注重灌输课本知识，不能有机地利用信息化手段进行教授，学生在学习过程中发现问题也得不到及时解决。因此，培养出来的学生动手能力较差，继续学习能力不足，不能很好地将书本知识和实际相结合，满足不了现代经济社会发展对应用型人才的需要。

（二）信念缺失

教师教育信息化能力的发展是一项系统的长期工程，它与教师自身信念、行为、态度和兴趣等各个因素的发展和变化密切相关。教育信念是教师自身对教育事业的价值判断，是对教育事业的一种坚信不疑的认识。它对教师其他方面的提升起到促进作用，是教师专业发展中最重要的内因。如果缺乏教育信念，教师教育能力的发展将成为简单的知识积累与重复利用的过程，而难以提高教师的信息化教学能力。

（三）资源丰富，教学利用率低

这里的资源主要是指教学资源，是指学校建设过程中所涉及的资源。资源的使用是建立在教学需求的基础上的，资源的利用是建立在教学目标的基础上的，即资源的利用与资源的使用不是同一个概念，也不等同。以"数字化校园能否提升学科教学质量"为主题，通过走访和调查发现，大部分教师将造成学科教学质量低的原因归结为：所需教学资源种类单一（仅提供多媒体课堂、校园网，无多媒体课件设计平台和音视频资源制作平台等）、教学资源数量贫乏（如多媒体教室和计算机机房过少、电了类图书和网络教学平台贫乏等）、教学资源质量低（如多媒体终端智能化程度低、现有校园网速度过低和音视频数据获取困难等）和资源环境复杂（传统的教学黑板与多媒体投影位置关系、信息化环境操作技术要求过高和多媒体教室灯光条件差等）等问题，我们不否定部分问题是现有数字化校园建设中所遇到的客观问题，但是，教学资源种类单一、数量贫乏和质量低是否是制约教学质量提高的直接因素，或者说我们教学所需的资源是否像调查结果一样无法满足需要呢？通过查阅相关文献发现的结果，却与调查结果有不同之处。校园网在学生宿舍、教学、科研与管理楼宇的覆盖率达到85.32%；图书馆电子期刊平均104.7万份，电子图书平均32.2万册；53.4%的学校建立了全校统一的教学资源管理平台，校均教学资源的容量为486.98GB；采用多媒体辅助教学的课程占总课程的比例平均为53.36%，校均采用网络（辅助）教学平台的课程数为117.99门。可见，为了进一步提高教学质量，适应信息化教学的发展，地方高职院校在资金及场所困难的情况下，集全校财力和物力建设多媒体教室、计算机机房、数字图书馆和教学资源平台，以进一步提高网络访问和带宽，这些举措都为学校教学信息化的发展奠定了基础，同时，也成为开展信息化教学的技术保障。

（四）课堂教学手段多进，教学质量不高

高职院校以应用型人才的培养为宗旨，注重的是学生实践能力的培养，高职教学也最多强调应用性、针对性、直观性、实用性和互动性，所以，在经历了口头语言、文字和书籍、印刷教材、电子视听设备和多媒体网络技术等 5 个使用阶段后，高职课堂教学手段可谓呈现出多样化的特征，促进了高职教育教学质量的提高。然而，从教学设备投入和教学产出的性价比来看，使用现代教学手段后，教学质量却不容乐观。为了能充分地分析该问题，笔者以多媒体技术为研究对象，通过对中国学术文献网络出版总库的文献检索，以"高职院校"、"多媒体教学"和"问题"为主题进行一次检索。至今，对于高职院校多媒体教学存在问题的研究文献总共有 144 篇，剔除无关的，有效文献有 77 篇，文献分别从"多媒体课件使用存在盲目性"、"多媒体教学手段的使用存在随意性"、"多媒体教学手段的使用缺失针对性"、"多媒体教学手段的使用忽略师生的互动和交流"和"多媒体教学课件质量低劣"等方面，对"多媒体教学效果低"进行了论述。可见，在现有信息化环境下，越来越多的高职院校都看到了提升高职教育教学质量的提高迫在眉睫。

（五）教师自身信息化能力提高及观念有待提高

教师信息化教学能力是一组能力，他不仅强调教师信息化教学设计能力，而且强调教师对信息化教学资源的整合能力、信息技术手段的操作能力和信息化课堂教学的协作能力，作为地方高职院校，因在原有的中等职业学校基础上组建而成，师资队伍结构层次多样；在教学中，也出现了"老教师不使用多媒体进行教学，新教师过分依赖于多媒体教学""穿新鞋，走老路"和"高投入，低输出"的现象，教师简单地将多媒体教学归结为单一信息传递，将多媒体等信息技术媒介看作信息的呈现媒介，仍未突破冷媒体的界限。可见，教师提高自身信息化能力已经成为促进高职教育信息化发展的重要环节。

（六）发展支持理念与有效激励措施的缺失

教师信息化教学能力的提升除受到教师自身教育信念影响外，还受到许多外在因素的影响。高职院校的领导层对教师信息化教学能力的提升认识不足、缺乏有效激励措施及配套的资金支持，教师提升信息化教学能力动力不足。

二、教师信息化教学能力的影响因素

（一）硬件和软件设施配合

近年来，我国高校信息化建设效果显著，到目前为止，校园网在教师教学和科研管理、学生的教室和宿舍的覆盖率高达 90% 以上。由此看来，各高校已经为信息化教学提供了必要的硬件资源，但是教师信息化能力的提升受软件设备支持和引导程度的影响。2003 年国家开始建设精品课程，与此同时教学资源库、电子图书馆和教学资源管理平台等资源也

随之产生。但是对这些信息化设施的利用和维护却相对落后部分精品课程的利用并没有达到预期效果，相应的维护手段也没有形成，尤其缺乏必要的互动。因此，信息化教学过程中基础设施建设和软件设施的引导与利用是影响教师信息化教学能力发展的重要因素。

（二）相关的支持力量

政策支持是成功实施信息化教学的基础，除此之外，财务支持、同事支持、技能训练、课堂协助和课后评价等也是开展信息化教学必不可少的支持条件。硬件设置搭配相关支持引导的推动，能够鼓励教师将信息技术融入教学过程。

（三）教学资源网络共享平台

现代校园网大多只起到宣传和信息发布的功能，网络互动仅表现为师生互动。其实在实践教学活动中，调查发现很多教师渴望借鉴优秀教师的教学经验，但是大多数高校几乎没有师师互动的平台。教师的学习和信息获取只能通过电子图书馆，缺乏直观形象的教学资源的支持，教师获取资源的途径有所限制。为此我们可以学习国外有关高校的经验，在高校的门户网站，为教师提供丰富的教学资源，并且很多教学资料是可以随意下载使用的。因此，高校应该建设一个共享的网络平台，为教师提供信息获取和师师互动的支持，创建一个和谐的学习型组织，提高教师整体的信息化教学能力。

（四）教师对信息技术的意愿和效能

教师个人意愿决定了教师是否有意向利用信息技术改变教学质量，同时教师的教学理念也会影响信息技术在教学过程中的应用方式。信息技术被教师视为课程支持以及新课程学习的技术工具，教师的理念不同，即会采用不同的教学设计，信息技术已经在很大程度上影响了教学效果和教学质量教师对信息技术的效能完全取决于教师对信息技术的认可和对信息技术融入的自信，这直接决定教师是否愿意使用信息技术。

（五）教师自身知识结构

根据问卷调查的结果，总结高校教师的知识结构如下：具有硕士及以上学历的教师占85%，非师范类的教师占80%，说明高校教师的本体性知识足够丰富，而条件、实践性和教学技术知识相对匮乏，这些条件均是保证教师完成教学的必不可少的知识结构。当代大学生有多样化的学习需求，传统的知识已经无法满足他们的求学需要，同时由于具有较高的信息素养，学生对信息的需求也在同时提升，教师在教学过程中除了传授知识外，还承担学生引导者的角色。这就要求教师在为学生通过信息手段提供丰富多样化的教学资源和内容的同时，更应该引导学生掌握获取信息化途径的技能。由此看出，教师自身知识结构的完善必将提升其教学信息化能力。

第四节　教师信息化教学能力的发展策略

一、信息技术作用下的教学走向

人类从工业社会进入信息社会后，机械化、工业化、规模化的教育信息批量生产受到了莫大的冲击，信息技术使教学时空、教学内容、教学资源、教学方式等都发生了巨大变革。

（一）教学时空走向开放

信息化社会中，教学的物理时空得到了拓展和延伸，使教学早已超出了校园的围墙。信息时代的学习，将不仅仅是在课堂与教师面对面的教学中完成，也可以在不同的学校、不同的地区、不同的国家，或是在地球的任何角落，满足不同的学习者不同的学习需求。学习者可以是"在场式"的学习，也可以是"在线式"的学习，还可以是"在场式"学习与"在线式"学习的有机结合。信息技术作用下的教学时空，已经从封闭走向了开放。

在教学的物理空间延伸的同时，师生的情感空间和心理空间也得到了扩展。传统社会中教师的权威早已被解构，单一课堂教学中的师生关系已经演变为网络虚拟空间中带有各种不同学习需求、来自不同国家与民族的各类学习者之间的情感与心理交融，师生关系也已经包括网络虚拟空间中并未谋面的教师与学生之间的教学交往与交流。同时，教学中的教师，也并非是唯一的教学信息来源。信息化社会的教师协作教学也将变得更为可能与现实，教师教学中的各种协作与交流将更为广泛有效。

（二）教学内容走向仿象

传统课堂中的教学，教学内容呈现的多是文字和语言，虽然也有一些直观生动的教学手段和教学工具，但教学内容的抽象化程度依然较高；而信息技术作用下的教学内容，更具仿象性，教学中大量的图片、声音、动画、视频等多媒体表达元素，使抽象的知识内容变得更加直观具体。事实上，自从出现了专业教师，其教育教学的抽象能力一直在逐步增强。然而，这种抽象事物的能力，要通过更多的形象和直观具体地去表达，从而实现对抽象知识或事物现象的更好理解与认识。从这个角度看，教师的专业发展既是其抽象事物能力逐步增强的过程，更是其利用多媒体表达手段，形象直观地表达抽象知识和事物现象能力逐步发展与成长的过程。因此，信息技术作用下的教学内容，通过更多的直观形象表达方式，使教学内容从抽象走向了仿象。

（三）教学资源走向统整

信息技术使优质的教学信息资源实现有效共享，教学资源从分散走向了统整。信息的最大特性莫过于其共享性，而信息化社会中，教学信息资源实现了真正意义上的有效共享，体现了学习者获取教育信息资源的便利性和平等性。信息技术作用下统整的教学信息资源，既可以满足不同学习者的学习需求，也有助于改善教师的教学，丰富教师教学信息资源的选择。统整的教育信息资源，使教学信息来源多元化的同时，也促进了教师的信息化教学能力发展，学生的信息化学习能力也得以增强，从而加速了教育教学的信息化发展，推动了整个教育信息化的进程，乃至深化了整个社会的信息化发展。

（四）教学方式走向个性

信息技术作用下的教学方式，使不同学习者的不同学习需求得以真正实现，教学方式从一统走向了个性。传统教学中的共性与个性问题，虽被人们广泛关注，但始终似乎是教学中的"死结"，在传统教学中难以得到有效解决。信息化使教学方式中的共性与个性问题找到了解决的有效途径，使真正的因材施教成为可能。不同的学习者，既可以根据批量化的教育信息资源，实现统一进度的学习，更重要的是，也完全可以根据个性化的学习需求，实现量身定做的"自助式"、"订单式"学习，使学习更具个人色彩，真正体现学习者的主体地位。学习者可以按照不同的学习兴趣，自由地选择学习时空、学习内容、学习方式等，以满足在信息时代个性化的学习需求。

二、教师信息化教学能力的发展策略

为适应教师专业发展及教师信息化教学能力发展的要求，针对信息化教学能力职前培养和在职培训机构各自为政、内容体系不协调、不衔接，甚至相互重叠、信息化教学能力价值取向严重偏颇、资源配置缺乏合理等一系列问题，推行职前教师信息化教学能力培养与职后信息化教学能力培训一体化，通盘考虑教师的职前培养和在职培训，形成并完善教师信息化教学能力终身发展体系。

（一）教师信息化教学能力发展的特点

教师信息化教学能力的发展，符合能力发展的一般规律，但也有其自身发展的特殊性，教师信息化教学能力的发展是动态的、系统的、有指向的。

1.教师信息化教学能力发展是动态的

教育的发展和教学的改革，需要教师的不断成长，教师的专业发展也需要教师能力素质的不断提高，作为介入教师信息化教学能力中的教学技术，更是具有发展的时代性。因此，教师信息化教学能力并非是固定不变的，而是处于一种动态变化的状态。在不同的历史时期、社会背景、教育背景下，教师信息化教学能力的要求是动态的、变化的、不确定的，但也是有指向的，教师必须适应这种动态变化的不确定性要求。同时教师信息化教学能力的发展也是动态的，这种动态性是教师信息化教学能力不断发展、不断完善、不断提升的过程，也是适应社会的变化、不断更新知识和能力素质、追求新知的过程。动态发展的动力既来自学习、教学实践和协作教学等，更直接是来自于教师信息化教学能力发展的情意和发展的自主性，需要教师具有自主学习、终身学习的意识与能力。

2. 教师信息化教学能力发展是系统的

教师信息化教学能力的发展，绝非是"哪儿有病医哪儿"，也绝非是简单的"查缺补漏"应该是"源头活水"。

首先，教师信息化教学能力的发展不能仅仅依靠职前的知识技能学习，也不能单一地依靠在职参与的一些能力发展项目。教师信息化教学能力的发展，既有知识技能方面的结构要求，也有其自身能力方面的素质要求，是知识技能与能力素质的一体化发展；

其次，教师信息化教学能力在不同的发展阶段有不同的发展侧重。职前教师的能力发展，更加侧重知识的积累和技能的模仿体验，在职教师的能力发展，更加侧重不同信息化教学情景的能力迁移、融合和具体的信息化教学实践。职前能力发展和在职能力发展既有不同的侧重点，又有发展的一体化紧密衔接；

最后，教师信息化教学能力的发展不仅仅是教师个体的专业化成长，更是关乎学生的成长、教育的发展和社会的发展。教师的信息化是教育信息化的关键环节，教育信息化也是社会信息化的重要组成部分。教师信息化教学能力的发展已经不再是单一的个体内部成长，而是关乎个体外部的诸多关联要素。从教师个体成长到促进学生、教育和社会的发展，体现出了发展的系统性。

3. 教师信息化教学能力发展是有指向的

教师信息化教学能力发展是一个有目的、有指向的过程。从教师信息化教学能力发展的知识结构看，寻求教师的信息化学科教学法知识是其归宿，而教师整体知识体系的发展指向了教师信息化教学智慧的创造。从教师信息化教学能力发展的能力结构看，教师自身信息化教学能力的提高、实现教师的专业发展是其归宿，而教师自身能力素质的发展指向了学生信息化学习能力的发展和学生的成长。教师信息化教学能力的知识结构和能力素质发展，都有明确的指向性。

（二）教师信息化教学能力发展的策略选择

教师信息化教学能力发展的促进策略，可以从宏观策略、中观策略、微观策略三方面分析。其中，宏观策略是促进其发展的外部环境条件，中观策略是促进其发展的方法论，微观策略是促进其发展的内部系统和直接条件。

1. 宏观发展策略

宏观层面的教师信息化教学能力发展策略，主要是促进其发展的外部环境条件策略，主要包括：社会发展的需求、国家政策的保障、教育改革的引导、学校组织的支持以及教师成长的动力。

（1）社会发展的需求

人类已经从工业时代步入信息时代，信息技术影响和改变着人们的工作、学习和生活方式。现代社会已经是一个高度信息化的社会，信息社会的一个重要特征，就是信息量激增、知识更新周期缩短。教育的信息化是社会信息化的一部分，教师又是教育信息化的重要关键环节。信息技术融入教育领域后，教学的方式、学习的方式、教育信息资源、教学环境以及人们的思维方式等发生了巨大变化。教师要适应信息化社会的发展与变化要求，就必须主动实现其自身角色转型、提升自身的能力素质。也就是说，信息化社会中的教师，既要具有一定的信息素养，还要实现自身角色的转变，更要发展教师的信息化教学能力。

信息化社会需要培养出具有创新精神和实践能力的信息化人才，这就首先需要教师实现自身的信息化发展。应该说，信息化社会呼唤教师的信息化发展，信息化社会中教师的能力，尤其是教师的信息化教学能力，是时代赋予教师的责任与使命。因此，教师信息化教学能力的发展，是信息时代对教师的能力要求，也是信息技术深入渗透教育的发展需要。

信息化社会对教师能力发展的期待，要求教师在学习学科专业知识、懂得一般教学法和学科教学法的同时，还要熟练掌握教学技术的知识与能力。在此基础上，要求发展成为教师的信息化学科知识、信息化教学法知识和信息化学科教学法知识。在信息化教学实践中，逐步生成为教师的信息化教学智慧。从这个意义上看，教师的教学技术能力是教师信息化教学能力发展的技术基础，教师的信息化教学知识和信息化教学实践是主体，信息化教学智慧是归宿。

（2）国家政策的保障

教育信息化是当今教育发展的潮流与趋势，世界各国都十分重视教育信息化的发展。从专门针对信息化社会中的教育规划、教育改革方案，到教育信息化基础设施、教育信息资源、教师信息技术与能力培训等，从国家政策层面给予教师的信息化发展以支持与保障。

从教师信息化教学能力发展的策略看，各国的政策支持与保障，集中体现在相关通用教师教育技术能力标准的颁布与实施、教师相关信息技术能力的国家层面的培训项目支持等。

应该说，随着时代的变化发展，各国都在加强开展教师相关信息技术能力培训的同时，不断地调整对教师的相关能力要求。如美国公布的《面向教师的美国国家教育技术标准》（2008版）已历经四次修订，新加坡的 Master Plan（简称 MP 项目）规划也是经历三次修订，并于 2009 年年初公布了最新的 MP 计划。各个国家都随着时代的发展，相继调整自己的教师教育技术能力标准与能力发展项目，这是适应了时代变化的要求。我们所主张的教师信息化教学能力动态发展的观点，也正是基于此。动态变化并非是难以确定，而是顺应了时代变化的需要。通用的相关教师教育技术能力的标准，既是对教师相应能力的规范，也是对教师相关能力发展项目的引导。

从国家政策保障的层面看教师信息化教学能力的发展，既要重视教师教育技术能力中相关教师信息化教学能力的明确要求，动态调整教师相关能力标准的规范，又要重视对教师相关能力的培训、考核与认证。但仅仅这些是远远不够的，国家政策层面应该更加重视教师信息化教学能力发展的经费投入。教师信息化教学能力的发展绝非是依靠单一的相关能力培训就能解决的，培训仅仅是其能力发展阶段的重要促进环节而已。我们一直强调教师信息化教学能力发展的多层面和终身化，尤其是教师的自主学习和教学应用实践的策略，显得更为重要。因此，国家也应该从相关政策上鼓励、支持，并有效保障教师信息化教学应用实践。从世界范围来看，我国无论是在政策保障、政策激励方面，还是在经费投入方面，都存在一些差距。

（3）教育改革的引导

为了适应信息化对教育以及教师能力提出的挑战，培养信息化社会所需的、适应时代要求的高素质人才，各国相继推行了教育教学领域的改革，以适应信息化社会对人才培养的挑战与要求。应该说，教育教学改革在课程体系、实践教学、教学方法策略等方面，已经有了很大的改革与引导。我国在基础教育的相关改革也获得了很大发展，这也直接引导了对教育教学评价的价值取向。

在我国，存在教师教育的改革落后于基础教育课程改革步伐的现象。在教师相关信息技术能力培训中，这种现象尤为突出。从教师信息化教学能力发展的角度分析，美国和新加坡教师信息技术能力培训标准的这种价值取向变化，强调了教师信息化教学能力发展的目的是要促进学生信息化学习能力的发展。从这种价值取向的变化看，教师有关信息技术能力的培训、相应的教学评价就不能仅仅局限于教师信息化教学能力的提升，而更应该把相关教师能力标准、教师的相关教学评价以及相关科学研究的目光，及时转向信息化社会中学生的发展。

（4）学校组织的支持

学校是教师教育教学活动的场所，也是教师教学能力发挥的平台，促进教师信息化教学能力发展的所有外部条件中，学校是最直接的促进因素。下面主要从校长的支持、资源的准备、培训的参与、教学的交流等几个方面分析：校长对于学校的发展有一定的驾驭和引导责任，与教师存在着领导与被领导的关系。校长对于教师的信息化教学能力发展的促进策略，集中体现在两个方面：一是校长对教师信息化教学能力的认识；二是校长对教师信息化教学能力的认可。教师信息化教学能力的发展需要来自学校层面的理解、支持、引导、帮助，既包括校长给予教师的精神鼓励，还包括必要时的物质激励手段。校长对教师信息化教学能力的认可，要在学校形成一种能力发展的氛围，这样才会有利于促进教师信息化教学能力的发展。

教师信息化教学能力的发展，需要在一定的信息化教学情景中完成。因此，学校相应的信息化教学基础设施建设和教育信息化资源的设计、开发与准备是必不可少的。学校既要完善基本的教学设施建设，也要加大对信息化教学基础设施的配备力度。

在职教师的相关信息技术应用培训，是教师信息化教学能力发展阶段性促进的重要环节。学校可以鼓励，甚至是有计划地安排教师参与相关的信息技术能力发展项目培训，或专门针对本校学科教师的实际情况，组织教师参与校本培训。在职教师的培训，是促进教师信息化教学能力发展的重要方式和渠道，学校应给予足够的重视与支持。

学校有责任引导、组织学科教师开展信息化教学的研讨、观摩，开展教师间的信息化协作教学，包括信息化教学集体备课、集体讨论、集体教学研究等。学校既可以组织面向本校教师的信息化协作教学交流，也可以利用网络等方式，促进不同学校、不同地区，甚至是不同国家的相关学科教师，开展教学交流与对话。既可以是教师间的协作交流，也可以是教师与学生、教师与专家的交流对话。充分的教学协作与交流，有利于教师信息化教学能力发展的经验共享。

（5）教师成长的动力

教师信息化教学能力的发展，外因是条件，内因是根本，发展的最终内驱力，来自教师本身。因此，教师对信息化教学能力的自信心、正确的态度、时间保证、知识的准备等，都是教师信息化能力发展的直接内部促进力量。同时，信息化社会教师的专业成长需要，也直接促进了教师信息化教学能力的发展。

教师信息化教学知识体系和能力素质的发展，是基于教师信息化教学情意的，这种情意是教师态度和自信心生成的直接促进因素。只有教师本人愿意，并在信息化教学能力发展方面有信心，其能力才有可能得以发展。

信息化社会中教师的专业发展，也要求教师信息化教学能力的理性提升。信息技术与教师专业发展的关联，从外部看，信息技术不同程度地促进了教师的专业发展；从内部看，信息技术已不仅仅是教师专业发展中知能结构的一部分，它已经渗透于教师专业发展中知能结构的各方面。

信息化教学能力发展过程中，教师的自主学习贯穿始终。在这个意义上，教师的信息化教学能力发展既是自主的，也是终身的。只有教师对自身信息化教学能力发展有信心也有兴趣，并愿意为此作出努力，这种能力才会有更大的发展。

2. 中观发展策略

教师信息化教学能力的发展，也需要一定的方式、方法和策略，也就是要有促进其发展的方法论，即教师信息化教学能力发展促进策略的中观层面。在这一层面中，促进教师这一能力发展的关键环节是职前培养、教学实践、在职培训、协作交流、自主学习。教师信息化教学能力发展中观层面的促进策略，主要表现在职前培养与在职培训相结合、传统方式与网络在线相结合、技术知识与实践应用相结合、自主学习与协作交流相结合等方面。

（1）职前培养与在职培训相结合

教师信息化教学能力发展是一个系统的过程，发展的过程从静态走向了动态、从封闭走向了开放、从单一走向了多元、从传授走向了协作，实现了从阶段性教师培训到终身能力发展的观念转变。应该说，职前培养与在职培训都是教师信息化教学能力发展的重要促进环节，是不同能力发展阶段的台阶或锚点，不应将其割裂开来，要将职前培养与在职培训紧密衔接。

世界各国对职前教师，也就是对未来教师的培养都很重视，是从教师能力源头上入手的。如美国等一些西方国家，相关教师教育技术能力标准主要针对的是未来教师，而我国则主要针对的是中小学在职教师。职前教师和在职教师在能力发展方面的侧重点不一样：职前教师主要以技术知识、技能的学习和模仿为主，虽然也有一些教学实践环节，如教学实习等，但总体上要以教师信息化教学知识和技能的获得为主；在职教师主要以知识、技能在新情景中的动态应用实践为主，当然也包括一些技术知识、技能的学习。教师信息化教学能力的知识体系，是教师信息化教学能力的基础，而后者又是前者的目的。

（2）传统方式与网络在线相结合

世界各国教师相关信息技术能力发展项目的经验是，在开展面对面的培训方式的同时，相继开展了网络培训的方式，实现了传统方式与网络在线的有机结合。信息化社会中，获取学习信息资源的渠道已经多元化，教师信息化教学能力发展的知识获取、教学经验分享教学研讨、协作教学等，都可以通过网络在线的方式来实现，实现与传统方式的有机结合。

（3）技术知识与实践应用相结合

教师信息化教学能力的技术知识，职前教师主要通过系统学习的方式获得，在职教师则主要通过自主学习、参与培训等方式获得。教学技术知识要转变为教学应用能力，就需要重视教师的实践教学环节，职前教师可以在学习中体验模仿，通过积极参与教学实习，强化对技术知识的实践应用转化；在职教师的教学实践，是将所学教学技术知识转化为应用能力的重要环节和有效方式。

（4）自主学习与协作交流相结合

在信息化社会，需要教师既具有自主学习的意识，也具有自主学习的能力，以适应社会发展变化和教师专业成长的需要。自主学习是教师成长的重要动力，教师可以自由选择、自主控制，自主学习贯穿于教师专业发展的始终。教师信息化教学能力发展的开放性、动态性、终身性，都需要教师具有自主学习的能力。

信息化社会的教师协作交流，既包括教师同行间的教学交流、教学观摩、教学研讨等，也包括教师与学生、教师与专家的交流对话。信息化社会中，教师既要能够实现面对面的协作交流，也要发展虚拟的、远距离的、跨时空的协作交流的能力。教师的信息化协作教学，能有效共享集体的知识、经验与智慧，形成教师信息化教学的共同体。

3. 微观发展策略

微观策略是促进教师信息化教学能力发展的内部系统和直接条件。自主学习、教学实践、协作交流，是教师个体促进能力形成与发展的集中体现。微观层面的促进策略，集中体现在教师以自主学习为主的知识积累、以教学实践为主的应用迁移、以协作教学为主的对话交流等方面。

（1）以自主学习为主的知识积累

教师的自主学习是职业发展生涯中必不可少的，是促进教师信息化教学能力可持续发展的基础条件和动力源泉，是教师专业发展的内驱力。教师自主学习的目的就是要实现技

术知识积累，促进教学、促进学生的发展。在职前教师学历教育的系统化学习中，需要学习理论知识；在职教师的阶段性培训中，也需要学习理论知识并能够实践应用，以实现教学能力的提升；在教师的协作化教学中，同样需要交流对话、相互学习，共同提高。信息化社会中教师的自主学习，是一种过程，也是一种方式，更是一种能力。自主学习，使得教师在信息化教学能力不同发展阶段获得的离散知识更具系统化，使得信息化社会中教师的专业发展更具动态化、可持续、终身化。因此，教师的信息化教学能力的可持续发展，需要教师实现以自主学习为主的知识积累。

（2）以教学实践为主的应用迁移

教师的信息化教学实践，绝非是简单的技术性教学实践，而是实践中有反思，反思中有智慧。在形式上，教师信息化教学实践似乎仅仅是"躯体的"，但它显然是教师教学技术知识、技能在具体情景中迁移应用的体现，是一种"理论化的实践"。因此，教师要以教学实践为主，在不同的信息化教学情景中，实现信息化教学融合与信息化教学交往，在实践中反思，在反思中成长，最终实现教师信息化教学智慧的生成与创造。

（3）以协作教学为主的对话交流

教师的信息化协作教学能力，是其信息化教学能力的重要子能力。协作化教学能力，集中体现在教学观摩、教学研讨、协作交流、协作科研等方面，有利于促进教师信息化教学能力的整体提升与发展。帕尔默指出，"任何行业的成长都依赖于它的参与者分享经验和进行诚实的对话，同事的共同体中有着丰富的教师成长所需的资源。"

教师的信息化协作教学，实现教师间的相互交流、相互促进、相互提高，有助于教学经验交流、教学资源共享，有利于促进教师信息化教学能力的发展。教师的信息化协作教学能力，既包括了教师同行间的协作交流，也包括了教师与专家、教师与学生的交流对话等；既是指面对面的交流对话，更突出信息化环境中的协作教学与对话交流。信息化社会中，强调教师以协作教学为主的对话交流的发展策略，则更具发展的时代性。

参考文献

[1] 张冰，蒯莉萍，成敏著.学术文库 "互联网+"时代大学英语信息化教学研究 [M].世界图书出版西安有限公司，2018.03.

[2] 王文槿著.职业院校信息化教学方法与策略研究 [M].北京：中央广播电视大学出版社，2009.08.

[3] 唐君.高校英语信息化教学研究 [M].北京：中国国际广播出版社，2018.01.

[4] 聂凯.移动网络课堂与信息化教学资源的传播分析 [M].成都：四川大学出版社，2018.07.

[5] 谢利英著.高职机电类专业实践教学体系构建研究 [M].长春：吉林人民出版社，2017.08.

[6] 张苏，邹玲玲，陈泰峰，何俐著.信息化思维在高职教学中的应用研究 [M].长春：吉林人民出版社，2017.08.

[7] 张有录主编.信息化教学概论 [M].北京：中国铁道出版社，2012.04.

[8] 陈光海，汪应，杨雪平编著.信息化教学理论、方法与途径 [M].重庆大学出版社，2018.03.

[9] 黄贤明，梁爱南，张汉君著."互联网+"背景下高等教育信息化的改革与创新研究 [M].长春：东北师范大学出版社，2018.07.

[10] 武琳著.信息化教学中英语翻转课堂教学模式的建构与教学实践 [M].北京：九州出版社，2018.08.

[11] 景亚琴主编；王力，王玲珍，赵博等编著.信息化教学 [M].北京：国防工业出版社，2013.02.

[12] 何俐，曾玲，夏艺诚，阳敏辉著.信息化环境下高职院校专业教学资源库建设研究 [M].长春：吉林人民出版社，2017.09.

[13] 汪应，陈光海，韩晋川编著.高校教师信息化教学能力构成研究 [M].重庆大学出版社，2018.02.

[14] 方明建编著.基于问题的高校教师信息化教学能力提升 [M].北京：科学出版社，2012.09.

[15] 林雯著.职业教育信息化教学设计 [M].北京：科学出版社，2018.11.